世界技能大赛备赛实战指导教材

世界技能大赛

烘 焙

技术规范手册

编著 中商技能世界技能大赛图书编委会

主编 王 森

U0162222

中国商业出版社

图书在版编目（CIP）数据

世界技能大赛烘焙技术规范手册/中商技能世界技
能大赛图书编委会编著；王森主编 . —— 北京：中国商
业出版社，2022.10
ISBN 978-7-5208-2244-2

Ⅰ . ①世… Ⅱ . ①中… ②王… Ⅲ . ①烘焙－糕点加
工－手册 Ⅳ . ① TS213.2-62

中国版本图书馆 CIP 数据核字 (2022) 第 173687 号

责任编辑：郑　静

中国商业出版社出版发行
（www.zgsycb.com　100053　北京广安门内报国寺 1 号）
总编室：010-63180647　编辑室：010-83118925
发行部：010-83120835/8286
新华书店经销
三河市天润建兴印务有限公司印刷
＊
787 毫米 ×1092 毫米　16 开　24 印张　250 千字
2022 年 10 月第 1 版　2022 年 10 月第 1 次印刷
定价：199.00 元
＊＊＊＊
（如有印装质量问题可更换）

中商技能世界技能大赛图书
编 委 会

《世界技能大赛烘焙技术规范手册》

编　委　会

主　　编：王　森

副 主 编：张婷婷　栾绮伟

参编人员：龚　鑫　蔡叶昭　张子阳　霍辉燕　于　爽

　　　　　向邓一　张　姣　张娉娉

序 一 | Introduction |

　　世界技能大赛是由世界技能组织于1950年创立，是全球范围历史最久、规模最大、水平最高、影响力最广的一项国际性职业技能竞赛，被誉为"世界技能奥林匹克"。

　　我国世界技能大赛之路始于20世纪90年代，经过20多年的不懈努力，2010年正式加入了世界技能组织。至今，我国已连续参加了5届世界技能大赛，参赛项目和参赛规模不断扩大，参赛成绩不断提升。从2011年伦敦首次参赛取得第一枚奖牌，到圣保罗实现金牌零的突破，再到阿布扎比、喀山连续两届蝉联金牌榜、奖牌榜和奖牌总分榜第一，中国青年技能健儿不断攀登技能巅峰，展现了新时代中国优秀技能人才的风采，为国家赢得了荣誉。2017年，中国上海申办第46届世界技能大赛获得成功。10年峥嵘，我们踏踏实实，一步一个脚印，取得了举世瞩目的成绩。但我们应该清醒地认识到，我国在世界技能大赛中的成绩还不够均衡，历届获奖主要集中于制造与工程技术领域，累计获得了18枚金牌、8枚银牌、8枚铜牌，累计奖牌34枚，多个项目蝉联金牌。而在社会和个人服务领域，累计获得了3枚金牌、4枚银牌、2枚铜牌，个别项目至今未获得金牌和奖牌，表明在该技能领域我国还存在短板，亟须加强教育培训，迎头赶上世界先进水平。

　　我非常高兴地看到，中国商业技师协会餐饮分会积极行动，组织世界技能

大赛烘焙、糖艺/西点制作、烹饪（西餐）、餐厅服务四个竞赛项目相关专家、教练、选手、专业人员，认真开展技术研究，总结归纳参赛和备赛经验，提炼相关培养培训标准，编写成书并向社会大众分享。书中既有对世界技能大赛和相关项目的介绍，也有项目技术细节、集训备赛资料的分享，更有参与者的感悟和心得，可谓内容丰富、指导性强。

我相信，这套书籍将有利于世界技能大赛在社会公众中科普推广，有利于推动业界对世界技能大赛的标准和成果的理解、吸收和转化，有利于营造社会服务类技能人才成长良好的社会氛围，将吸引并带动更多的青年人投身技能、热爱技能，走上技能成才、技能报国之路，为促进就业创业创新，打造中国服务品牌，推动经济高质量发展提供强有力支撑。

是为序。

中华人民共和国人力资源和社会保障部原副部长
第41届、第42届世界技能大赛中国组委会主任

2022年5月

INTRODUCTION |

The WorldSkills Competition (WSC) has been founded by the WorldSkills International since 1950. In today's world, WSC undoubtedly is the greatest international vocational skills competition in every aspect such as its history, scale, quality, and influence. It is no exaggeration to say that WSC is the Olympics of Skills.

China sets its foot in the early journey to WorldSkills was in 1990s, through tenacious efforts in over 20 years, we finally joined the WorldSkills family in 2010. So far, China has been competing in 5 consecutive WorldSkills Competitions, the skills competed, and the scale of Team China are expanding, and the results are continuously improving as well. From the first medal in the first WorldSkills London 2011, to the first valuable gold medals in WorldSkills Sao Paulo 2015, to two times being first places in the total medal points, average point, and total point at WorldSkills Abu Dhabi 2017 and WorldSkills Kazan 2019, Chinese young Competitors has kept pushing their limit in Skills, showing off China's outstanding skilled personnel in new era, and winning honors for our mother country. In 2017, Shanghai successfully won bid to host the 46th WorldSkills Competition. Look back to the memorable ten years, we were down-to-earth, consolidated at every single step, finally, we made remarkable achievements. Meanwhile, we should be soberly aware that China's performance in the WSC is still not balanced enough. So far, our awards were mainly concentrated in the sector of Manufacturing and Engineering Technology with total 34 medals including 18 gold medals, 8 silver medals, and 8 bronze medals, and even we successfully defended our gold medals in some skills. However, in the sector of Social and Personal Services, we have won 3 gold medals, 4 silver medals, and 2 bronze medals in total, some skills still did not make breakthrough of gold medals or medals. Evidence suggests that we still have plenty of scope for improvement within the sector, therefore, it would be vital for these skills to improve their preparation and training, and work harder for catching up the top-level in the world.

I am very happy to see that the Catering branch, China Association of Business Professionals is playing a proactive role in organizing Experts, coaches, Competitors, and professionals from teams of four WSC's Skills including Bakery, Pâtisserie and Confectionery, Cooking, and Restaurant Service. The stakeholders conducted technical research, summed up experience from previous Competitions and preparation, compiled training standards, and composed them into books for the public. These books include introduction of WorldSkills movement and China's engagement, and Skills in general, as well as the technical details of those skills, training and preparation materials, and aspiration and experiences from these participants. I am sure these books would be practical, instructive, and rich in content.

I do believe, these books would popularize WorldSkills movement among the public, while our industry would be benefit from understanding and benchmarking WSC's standards and its best practices. Furthermore, it could help to create a good atmosphere in social services for skilled talents standing out as well. The good atmosphere will attract and inspire more young people to engage themselves with skills, love skills, master skills, and then serve the country with their honoed skills. Let's work together, we can provide strong support for promoting employment, entrepreneurship, and innovation, make a good reputation of Chinese service, and promote high-quality economic development.

Former Deputy Minister, Ministry of Human Resources and Social Security of the P.R. China

Former Director, WorldSkills China (41st and 42nd WSC)

May 2022

序 二 | Introduction ||

世界技能大赛是当今职业技能竞赛中地位最高、规模最大、影响力最大的国际赛事，每两年举办一届，被誉为"世界技能奥林匹克"，其竞赛水平代表了职业技能发展的世界先进水平，是世界技能组织成员展示和交流职业技能的重要平台。在俄罗斯喀山举办的第45届世界技能大赛上，中国代表团共获得16枚金牌、14枚银牌、5枚铜牌和17个优胜奖，再次荣登金牌榜、奖牌榜、团体总分第一。

在获得金牌的项目中，数控铣、焊接2个项目实现金牌"三连冠"，车身修理、砌筑、花艺、时装技术4个项目蝉联冠军。获得银牌的项目包括糖艺/西点制作、信息网络布线、机电一体化、飞机维修等。获得铜牌的项目包括烘焙、烹饪（西餐）、工业控制、塑料模具工程等。获得优胜奖的项目包括餐厅服务、CAD机械设计、商务软件解决方案、印刷媒体技术等。

其中与餐饮相关的4个项目全部有我国选手获奖。这些选手分别是：银奖获得者糖艺/西点制作项目选手钟玲轶；铜奖获得者烘焙项目选手张子阳，烹饪（西餐）项目选手蔺永康；优胜奖获得者餐厅服务项目选手吴佳妮。

中共中央总书记、国家主席、中央军委主席习近平曾对我国技能选手在第45届世界技能大赛上取得佳绩作出重要指示，向我国参赛选手和从事技能人才培养工作的同志们致以热烈祝贺。习近平强调，劳动者素质对一个国家、一个民族发展至关重要。技术工人队伍是支撑中国制造、中国创造的重要基础，对推动经济高质量发展具有重要作用。要健全技能人才培养、使用、评价、激励制度，大力发展技工教育，大规模开展职业技能培训，加快培养大批高素质劳动者和技术技能人才。要在全社会弘扬精益求精的工匠精神，激励广大青年走技能成才、

技能报国之路。

　　作为餐饮工作者和世界技能大赛参与者应清醒地认识到：我们与世界发达国家和地区的技能整体发展水平还有一定差距，我们的世界技能大赛成果转化和技能培训教育也还有很长的路要走。

　　为了更好地推广世界技能大赛文化、促进世界技能大赛成果转化、助力中国技能行业发展、提升中国职业教育水平，中国商业技师协会餐饮分会联合中商技能（海南）文化发展有限公司组织世界技能大赛的中国专家编写了这套"世界技能大赛备赛实战指导教材"。每本书的主编皆由历届世界技能大赛项目的专家组组长或资深专家领衔，他们带领中国专家组专家、翻译人员，根据备战世界技能大赛历程、世界技能大赛评判实际操作以及亲身感悟倾囊相授，包括世界技能大赛相关项目的规则、规范、试题、作品及训练方案等。通过系统地学习，可以使读者能够领会世界技能大赛的要义，不仅能更好地备战世界技能大赛，更能很好地参加世界技能大赛，赛出水平、赛出成绩。

　　职业教育是技能强国的重要抓手，世界技能大赛是引领职业技能提升的一个重要平台。"世界技能大赛备赛实战指导教材"是国内第一套系统地介绍世界技能大赛的专业书籍，主要读者对象是专业院校老师、相关专业学生及酒店餐饮业从业人士。这是一套普及世界技能大赛知识的专业教材，一经发行必将为世界技能大赛餐饮文化的推广及我国餐饮职业教育的提升起到重要作用。

　　由于"世界技能大赛备赛实战指导教材"的编写尚属首次，限于编写人员的专业水平和能力，加之时间匆忙，书中难免存在不足之处，恳请专家、教练、选手和广大读者批评指正。

　　祝我国世界技能大赛选手取得更好成绩！

中国商业技师协会餐饮分会主席　李　斌

2022年5月

前言 | Preface

1997年，烘焙项目第一次作为比赛项目出现在了世界技能大赛中，我国在2010年加入世界技能组织，第一次参与该赛事的烘焙项目则是在2017年。在此之前，我们已积累一定的经验，所以在做足准备参加的2017年阿联酋阿布扎比第44届世界技能大赛上，选手蔡叶昭就取得了金牌。之后在2019年俄罗斯喀山第45届世界技能大赛上，选手张子阳取得了铜牌。亮眼优异的成绩离不开选手的不懈努力与坚持，也离不开世界技能大赛中国组委会的坚强领导和世界技能大赛集训基地的大力支持，以及相关技术专家、教练、翻译的指导与支持。

在拼搏进取的征途上，烘焙项目各领域的参与者积累了丰富的赛事经验、感悟及心得体会，值此职业技能竞赛蓬勃发展、技能人才不断涌现的大好时机，烘焙项目曾经和目前的参与者合力于此，编写了这本《世界技能大赛烘焙技术规范手册》。

在本书编写的过程中，苏州王森食文化传播有限公司王森、张婷婷、栾绮伟共同对本书的整体工作进行了策划，他们和第44届、第45届世界技能大赛参赛选手蔡叶昭、龚鑫、张子阳以及王森教育集团董事王子剑一起确定思路和框架，审定写作大纲，明确写作要求，并组织专业技术编辑霍辉燕、于爽、向邓一、张姣、张娉娉参与写作。本书共8章，由主编、副主编、参编人员共同完

成，由王森、张婷婷、栾绮伟、王子剑、龚鑫、蔡叶昭、张子阳进行了审阅。

本书在世界技能大赛中国组委会的悉心指导下，在中国商业出版社有限公司的大力支持下，终于得以完成。在写作过程中参考了世界技能大赛的官方文件、技术文件等资料，学习并参考了国内外研究学者的书籍、论文资料，得到了相关人员的支持和帮助。书内的产品类别依据世界技能大赛烘焙项目赛事中常见的品类进行划分，针对每个类别的特性选择了对应产品说明，其中的图片来自龚鑫、蔡叶昭的实操拍摄，产品选自世界技能大赛常规训练产品及大赛获奖产品。

烘焙专业赛事要求选手能够根据要求，利用自身技能制作出具有创新性、文化性、艺术性的产品，产品需符合食品卫生及安全等要素，其选手的综合素质极高，且产品具有行业标准化的特征。通过世界技能大赛、中华人民共和国职业技能大赛等专业赛事的引领，可以给职业技能营造良好的社会环境，鼓励更多人参与到烘焙项目的建设中来，为社会培养更多优秀职业技能人才。期望本书能为烘焙项目的专家、教练、选手，以及烘焙爱好者们提供参考。

由于本书编写定位尚属首次，限于编写人员的专业水平和能力，加之时间匆忙，书中难免存在不足之处，甚至会存在谬误，恳请专家、教练、选手和广大读者批评指正。

编　者

2022年5月

目 录 | Contents

第八章 附录 / 300

第一章

世界技能大赛简介

第一节　世界技能大赛背景介绍

世界技能大赛（World Skills Competition， WSC），被誉为"世界技能奥林匹克"，是最高层的世界性职业技能赛事。世界技能大赛由世界技能组织（World Skills International， WSI）举办，目前已举办45届。

世界技能组织成立于1950年，其前身是"国际职业技能训练组织"（International Vocation Training Organization， IVTO），由西班牙和葡萄牙两国发起，后更名为"世界技能组织"（World Skills International）。世界技能组织注册地为荷兰，我国于2010年10月正式加入世界技能组织，成为第53个成员国。中国台湾（Taiwan, China，1970）、中国澳门（Macao, China，1983）和中国香港（Hong Kong, China，1997）以地区名义加入。其宗旨是：通过成员之间的交流合作，促进青年人和培训师职业技能水平的提升；通过举办世界技能大赛，在世界范围内宣传技能对经济社会发展的贡献，鼓励青年投身技能事业。该组织的主要活动为每年召开一次全体大会，每两年举办一次世界技能

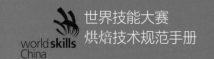
大赛。

世界技能组织的管理机构是全体大会（General Assembly）和执行局（Executive Board），常设委员会是战略委员会（Strategy Committee）和技术委员会（Technical Committee）。全体大会拥有最高权力，由该组织成员的行政代表和技术代表构成，每个成员拥有一票，由两名代表中任何一名代表投票。执行局由主席、副主席、常设委员会副会长和司库组成。执行局管理本组织的日常事务并向全体大会报告。战略委员会由行政代表组成，由负责战略事务的副主席主管，并由其召集会议。战略委员会对实施本组织目的和目标可能的战略和方式提出思考和行动。技术委员会由技术代表组成，由主管技术事务的副主席主管，并由其召集会议。技术委员会负责处理与竞赛相关的所有技术和组织事务。

一、世界技能大赛愿景

用技能的力量改善我们的世界。

二、世界技能大赛使命

提升技能人才的地位，展现经济发展和个人成功中技能的重要性。

三、世界技能大赛定位

全球技能卓越和发展的中心。

第二节　世界技能大赛发展史

　　历届世界技能大赛以在欧洲举办为主。欧洲以外的地区，只在亚洲举办过5届，即第19届（1970年）日本东京、第32届（1993年）中国台北、第36届（2001年）韩国汉城、第39届（2007年）日本静冈。

　　第1届，1950年，西班牙马德里

　　第2届，1951年，西班牙马德里

　　第3届，1953年，西班牙马德里

　　第4届，1955年，西班牙马德里

　　第5届，1956年，西班牙马德里

　　第6届，1957年，西班牙马德里

　　第7届，1958年，西班牙马德里

　　第8届，1959年，西班牙马德里

　　第9届，1960年，西班牙马德里

　　第10届，1961年，西班牙马德里

　　第11届，1962年，西班牙马德里

　　第12届，1963年，爱尔兰都柏林

　　第13届，1964年，葡萄牙里斯本

　　第14届，1965年，英国格拉斯哥

　　第15届，1966年，荷兰乌得勒支

　　第16届，1967年，西班牙马德里

第17届，1968年，瑞士伯尔尼

第18届，1969年，比利时布鲁塞尔

第19届，1970年，日本东京

第20届，1971年，西班牙希洪

第21届，1973年，德国慕尼黑

第22届，1975年，西班牙马德里

第23届，1977年，荷兰乌得勒支

第24届，1978年，韩国釜山

第25届，1979年，爱尔兰科克

第26届，1981年，美国亚特兰大

第27届，1983年，奥地利林茨

第28届，1985年，日本大阪

第29届，1988年，澳大利亚悉尼

第30届，1989年，英国伯明翰

第31届，1991年，荷兰阿姆斯特丹

第32届，1993年，中国台北

第33届，1995年，法国里昂

第34届，1997年，瑞士圣加伦

第35届，1999年，加拿大蒙特利尔

第36届，2001年，韩国汉城

第37届，2003年，瑞士圣加伦

第38届，2005年，芬兰赫尔辛基

第39届，2007年，日本静冈

第40届，2009年，加拿大卡尔加里

第41届，2011年，英国伦敦

第42届，2013年，德国莱比锡

第43届，2015年，巴西圣保罗

第44届，2017年，阿联酋阿布扎比

第45届，2019年，俄罗斯喀山

第46届，2022年，中国上海（取消）

特别赛，2022年，瑞士、德国、韩国、瑞典、日本、美国、卢森堡、加拿大、丹麦、法国、芬兰、爱沙尼亚、英国、意大利、奥地利15个国家的赛区

第三节　世界技能大赛竞赛项目大类

世界技能大赛比赛项目共分为6个大类，分别为结构与建筑技术（Construction and Building Technology）、创意艺术和时尚（Creative Arts and Fashion）、信息与通信技术（Information and Communication Technology）、制造与工程技术（Manufacturing and Engineering Technology）、社会与个人服务（Social and Personal Services）、运输与物流（Transportation and Logistics）。大部分竞赛项目对参赛选手的年龄限制为22岁，制造团队挑战赛、机电一体化、信息网络布线和飞机维修四个有工作经验要求的综合性项目，选手年龄限制为25岁。

2017年，烘焙项目选手蔡叶昭在第44届世界技能大赛烘焙项目上获得金牌，这是我国在此项目中的第一枚奖牌。

第二章

面包的发展史与类别

第一节　面包的发展史

面包的演变历程受到各种制作条件的影响，其中包括谷物种植、谷物制作工艺、发酵微生物、烘烤工具、面包的制作工艺等。

一、史前时代

在史前时代，人类发现谷子除了可以煮粥外，还可以碾碎，再用水和成面团；同时发现将面团静置几天后，面团会发酵并充气膨胀。

石器时代晚期，在一些以谷物为主食的地区，出现了无酵饼，这类食品比其他种类的面包的历史要悠久，像中东的咸脆饼、希腊的袋饼、印度的面包饼和全麦面包饼，都是未经发酵的全小麦面饼（也有用其他谷物替代的）；此外，还有以玉米制作的拉丁美洲墨西哥的薄圆饼和北美洲的玉米烤饼。

无酵饼最早大概是摆在火边直接烘烤，后来才摆在石头盘面上炙烤，更晚之后，有些面包便采用蜂巢状烤炉烘烤，这种炉子开口朝上，煤炭和面包能摆在同一个炉穴，面团一块块贴附在炉墙内壁上烘焙成形。

约在公元前7000年，出现了可以用来制成又大又轻的面包的小麦品种，同时也出现了发酵面团。后来面包制作者慢慢能掌握这个自然过程，懂得将已带有酵母的剩余面团放入新的面团中。公元前300年，埃及有了专门制作酵母的行业，在这之前的时间里，碾磨及碾磨技术也在不断地发展。

二、古希腊与古罗马时期

大概公元前400年，希腊才开始种植用于制作面包的小麦，之后很长的时间才出现无发酵的无酵饼产品。在古希腊时代，面包的淡白色泽便是评价面包纯洁和优异的特征之一，与亚里士多德同时代的作家阿切斯特拉图写了一部《美食法》，书中概述古代地中海一带的美食餐饮，文中便对希腊莱斯博斯岛的大麦面包赞不绝口。

古罗马的后期，小麦面包已经是较为日常的必需品了，硬粒小麦和面包用小麦已经可以来往贸易，满足一般民众的需求了。

三、古埃及

古埃及有一幅画展示了公元前1175年底底比斯城的宫廷焙烤场面，画中可看出几种面包和蛋糕的制作场景，有组织的烘焙作坊和模具在当时已经出现。此外，在古埃及的坟墓中也曾发现木乃伊化的酵母发面面包。

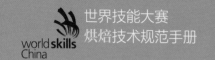

四、欧洲的中世纪时期

在中世纪的欧洲，烘焙师是一种专业的从业人员，专门制作普通的褐色面包或者奢侈的白面包。到了17世纪，随着碾磨技术的改进，人均收入也提高了，白面包（或者差不多是白的面包）开始普及。在欧洲北方，当时黑麦、大麦和燕麦比小麦常见，都是用来烘烤厚重的粗面包。

无酵饼在当时的用途之一是当作"食盘"，人们会用厚实的干面包片盛装食物，之后再吃掉或者送给穷人，他们常常把酥皮制作成用来烹调与储存食物的多用途容器，不但能保护、盛装食材，还能够食用。

五、近代早期

含油面包的制作技术在中世纪晚期和文艺复兴时期有着较为显著的发展，起酥皮和泡芙也在此时出现。

家庭面包食谱开始出现在给新兴中产阶级看的烹饪书籍中，而且和现代食谱已经较为相似了，自18世纪开始，英美两国的烹饪书籍已包含了数十种面包、蛋糕和饼干。在19世纪初的英国，面包多半出自自家或者村里共用的烤炉，然而在工业革命的浪潮下，拥挤的都市持续涌入越来越多的人口，随着面包饼和产出比例的不断增加，有些店铺还会在面粉中掺杂漂白剂和添加剂。

六、发酵技术的创新

1796年，新的发酵方法首度出现在美国的一本烹饪书《美国烹调法》中，作者是亚美利亚·西蒙斯（Amelia Simmons），书中有四道食谱都用到了"珍珠灰"，这个材料是精炼的碳酸钾，把植物燃烧成灰泡水，去除液体，再烧干水分，把溶解在水中的物质浓缩出来。珍珠灰成分大半是碱性的碳酸钾，能够和面团的酸类成分起反应，产生二氧化碳。这是小苏打和发泡粉的前身，两者也在1830—1850年间问世。

20世纪初，专业制造商已供应纯化的商用培育酵母，用来制作整条面包，这种酵母的品质比酿酒用酵母菌更稳定，酸度也较低。

七、20世纪的工业化发展

20世纪时，纯面包的人均消耗量递减，民众更吃得起肉类及含糖、含脂量较高的糕点，不再像以前那样依赖面包。此外，面包制作的工业化有明显的上升趋势。直至今日，家庭烘焙面包数量依然占比极低，多数国家的面包集中于工厂加工，当然像法国、德国、意大利这些国家依然有每天购买手工面包的传统。

1900年前后，开始出现大型自动化工厂，并在1960年达到巅峰，面包制作时间被大幅压缩，面包质量也发生较大变化，有些面包内部柔软像蛋糕，外表不坚硬，但是风味没有什么特色。工业化生产面包与传统面包有着较大的区别。

八、20世纪后期传统面包的重新兴起

到了20世纪80年代，欧洲和北美洲消耗的面包开始大幅超过前10年。小型面包坊开始用精炼度较低的谷子和谷物混料来制作面包，他们一般会采用较长

时间的发酵，分批送进烤炉烘焙，烤出色深皮硬的面包。同时，家庭烘焙重新兴起，烘焙的乐趣又被人们重新拾起。那时日本人也发明了面包机。

家庭烘焙的重新兴起也从侧面说明了大众依然喜欢新鲜的传统面包的风味和质感，这个也引起了面包从业者的注意和思考，于是催生了"半烘焙"成品，即先把面包烘焙到半熟，冷冻后运往各大市场，再继续烘焙至完全成熟。现代的中央工厂也有直接输送冷冻面团，然后到店面再进行完全烘烤。

九、延迟发酵的出现

传统面包的制作手法需要耗费好几个小时，往往需要烘焙师傅连夜赶工，隔天还要一早起来工作。维也纳烘焙界在20世纪20年代开始进行一项实验，把面包工艺分成两个阶段，白天先和面、发酵，做出一条条面团，之后进行冷藏过夜，直到清晨才进行烘焙。这种方法被称为"延迟发酵"，至今依然较为常用。

十、西式面点在中国的发展

据记载，1622年来华的德国传教士汤若望在京居住期间，曾用蜜面和以"鸡卵"制作"西洋饼"来招待中国官员，食者皆"诧为殊味"。这是我国最早有明确文字记载的"西洋食品"。

19世纪50年代，随着中国各个通商口岸对外开放，英式、法式、德式、意式、俄式等大饭店、西餐厅及咖啡馆开始进入我国，大多开设在上海。他们不但有自己的西方厨师，另外也雇用我国厨师为其服务，这样西餐技术就逐渐为我国厨师所掌握。

20世纪20年代初，上海的西餐得到了迅速发展，出现了几家大型的西式饭店，如礼查饭店（现浦江饭店）、汇中饭店（现和平饭店南楼）、大华饭店等，都以经营西餐为主。

随着社会的发展，西式面点制作逐渐从西餐中分离出来，开始独立制作生产西式面点产品。

20世纪90年代，上海西式面点行业得到快速的发展，西点屋、面包房开始普及。时至今日，西点相关门店在全国各地已是非常普遍。

第二节　面包的类别

一、吐司面包

吐司面包又称听型面包，其特点是一般都放在烤模中烘烤，制作时水分较多，使用高筋面粉，搅拌使面筋充分扩展，组织柔软、体积大、外观美，多用于主食。

（一）方面包（Pullmar Bread）

方面包又称方包，在带盖的长方形模具中烘烤而成，是生产量较大的面包之一，常常切成片状出售，也常作为三明治的加工品。成品呈长方形，断面近似正方形。常见的有500克、1000克、1500克的规格。因为没有麸皮，所以属于白面包的一种。

（二）圆顶面包（Round Top Loaf）

圆顶面包也称不带盖吐司面包、枕形面包。在不带盖的模具中烘烤而成，口感轻柔。同样属于白面包的一种。

（三）山形吐司（英式软面包）

山形吐司同圆顶面包制作基本相同，也使用不带盖模具，不过成形时顶部隆起2~4个大包。同样属于白面包的一种。

（四）花式吐司面包

在以上三种吐司面包制作的基础上，加入一些辅料，如全麦吐司、黑麦吐司、干酪吐司面包等。

二、软式面包（Soft Roll）

软式面包的主要特点是表皮比较薄，样式多且漂亮，组织细腻、柔软；有圆形、圆柱形、海螺形、棱形等，可加辅材料也较多，制作工艺多用滚圆、压卷等方法。

（一）餐桌用面包（Table Roll）

餐桌用面包也称餐包，包括小圆面包、牛油面包、热狗、汉堡包和小甜面包等。

（二）花式软面包（Variety Roll）

在餐桌用面包的基础上，可以添加其他辅材料，制作成奶酪面包、葡萄干面包、葱花面包卷等。

三、硬式面包（Hard Roll）

硬式面包也称欧式面包和大陆式传统面包，主要有以下几个品类。

（一）法国面包（French Bread）

法国面包采用配方较为单纯，材料只有四种，即面粉、水、酵母、盐。但是其制作是十分考究的，从面团调制、整形、发酵到烘烤，每一步都需要较好的技术能力，法国面包的成品香味比较浓郁，一直深受大众喜爱。代表产品有长棍面包等。

（二）维也纳面包（Vienna Bread）

维也纳面包具有良好的香味和味道，有薄而脆的金黄色外皮，常见的形状有棒状、橄榄形、辫子形，属于大型面包。

（三）意大利面包（Italian Bread）

意大利面包的配方较简单，原料仅有面粉、水、盐、酵母和老面团，制作方法与法国面包大致相同。但法国面包的表皮松脆，而意大利面包表皮厚而硬，意大利面包形状很多，有橄榄形、半球形和绳子形等，表面也会用刀划出各种条纹。

（四）德国面包（German Bread）

德国面包会使用黑麦面粉，而且会用老面发酵，由于用酵头中的乳酸发

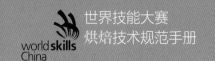
酵，面包稍带酸味。

（五）荷兰脆皮面包（Holland Dutch）

荷兰脆皮面包在烘烤前会先在表面涂上一层米浆，米浆在烘烤后会产生脆硬的表皮，增加了面包的香味，是比较有代表性的地方性产品。

（六）餐包

在一般正式宴会和讲究的餐食中，餐包极为重要。餐包分两类：一类为软式，另一类为硬式，欧美人一般喜欢硬式餐包。

硬式餐包基本做法同以上几种硬式面包（法国式、意大利式、维也纳式）的做法，只不过形状花样多些，而且也多为小型。

餐包多是外表光滑且有光亮感，金黄色；皮脆而薄，内部组织柔软，但是不如吐司面包的孔洞那么细密。

四、果子面包

从商品特点的角度来看，果子面包更接近糕点类产品，花样比较多。

东方国家的果子面包中的含糖量比较高，成品皮薄柔软，口感香甜。果子面包一般都包馅，表面带有装饰，较为经典的有豆沙面包、酥皮面包等。

五、丹麦面包(Danish Pastry)

丹麦面包是一种在面团中裹入较多油脂夹层的面包类型，可以与奶油、果酱、水果等搭配组合，样式多变，酥脆香甜。

六、快餐面包(Fast Food Bread)

（一）烤前加工面包

主要包括便餐面包、火腿面包、香肠面包等。这类面包是在烘烤前加上各种馅料成形，再去烘烤。

（二）深加工面包

主要包括三明治、热狗、汉堡包，这类面包是将成品面包切口后夹上各种蔬菜、馅料组合而成。

七、其他面包

其他面包比较常见的还有油炸类面包(Doughnuts)、蒸面包等。

第三章
面包制作要素

第一节　小麦粉

　　小麦粉，即面粉，是制作面包、蛋糕等烘焙产品的最基础的原材料，甚至在大部分产品中，小麦的性质对最终的产品呈现有着决定性的影响，而小麦粉的性质取决于小麦本身的生长条件以及后期的加工技术与工艺。

一、认识小麦

　　小麦是人类最早种植的食用植物之一，一粒（单粒）小麦是最早出现的小麦之一，随着在自然界的缓慢发展与变化，双倍体小麦与另一种双倍体生物—山羊草先杂交后发生染色体加倍，出现新品种，之后缓慢形成了二粒小麦和硬粒小麦，每一次的杂交与进化，新小麦拥有的染色体都有所变化，从最初拥有双套染色体，到如今已有多倍染色体小麦被大量种植，品种繁多。

　　完整的一粒小麦，由四部分组成，顶毛（小麦须）、胚乳、麦芽和麸皮。

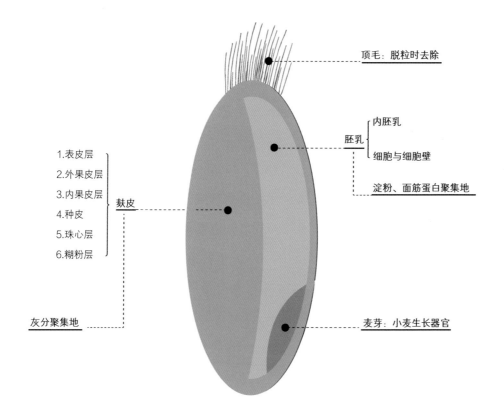

麦粒立体图

图中标注：
- 顶毛：脱粒时去除
- 胚乳
  - 内胚乳
  - 细胞与细胞壁
- 淀粉、面筋蛋白聚集地
- 麸皮
  - 1.表皮层
  - 2.外果皮层
  - 3.内果皮层
  - 4.种皮
  - 5.珠心层
  - 6.糊粉层
- 灰分聚集地
- 麦芽：小麦生长器官

（一）顶毛（beard）

在麦粒进行脱粒时就去除的，是麦粒一端呈细须状的物质。

（二）麸皮（Bran Coat）

1. 麸皮与灰分

小麦的麸皮在高倍的显微镜下观看时，是可以看出有6层的，从外至内，前三层称为小麦的外皮，也称小麦的果皮，依次为表皮层、外果皮层、内果皮层，这三层有微量的灰分。同时，这三层也是极易在磨粉制粉环节中被去除的。

在这三层以内，还有另外三层，总称为种子种皮，依次为种皮、珠心层、糊粉层，这三层的灰分含量在7%～11%。

所以有种说法，即用面粉中的麸皮含量来表示灰分含量，是有一定的依据的。

2. 麸皮与蛋白质

麦粒中的表皮层和外果皮层含有大量的纤维；内果皮层和种皮纤维较少，并含有大量有色成分，其中小麦粒的颜色就主要取决于种皮中的色素；珠心层和糊粉层纤维最少，蛋白质含量较高，灰分也较高。

小麦蛋白质主要有四大类，分别为麦白蛋白（清蛋白）、球蛋白、麦胶蛋白和麦谷蛋白，总的蛋白质含量在8%～16%，其中后两者又被称为"面筋蛋白"，与小麦粉的筋度有直接关系，前两种蛋白质易溶于水，属于可溶性蛋白，主要存在麸皮部分，这两种蛋白与面筋蛋白对面筋网络的建立是有相反功效的，即麦白蛋白、球蛋白对面团的面筋形成是负相关的，麦胶蛋白和麦谷蛋白的含量对面筋形成是正相关的。

所以，使用的小麦粉品种中的麸皮含量的多少直接影响面团的筋度形成，影响的程度大小与小麦品种等因素有关。

总的来说，麸皮极大地影响小麦粉的色泽、灰分含量，对蛋白质含量有一定的影响。

（三）麦芽（Germ）

麦芽是小麦发芽和生长的器官，包含小麦中的大部分脂肪类成分，这些脂肪多由不饱和脂肪酸组成，很容易氧化酸败，含有麦芽的面粉在烘焙制作中，很容易引起烘焙产品在储存中变味，所以在制粉过程中，麦芽经常被去除。

（四）胚乳（Endosperm）

胚乳是小麦面粉的重要来源，也是主要物质，含有大量的淀粉、面筋蛋白和营养物质。

面筋蛋白是指麦胶蛋白和麦谷蛋白，它们不溶于水，占小麦总蛋白含量的绝大部分，广泛存在于小麦胚乳中，这两种蛋白质可以相黏聚合而成面筋网络。因它们不溶于水的特性，所以可以用"洗面筋"的方法来简单测试一种面粉面筋蛋白的含量。

胚乳中的淀粉是小麦淀粉的主要集中地，小麦淀粉中支链淀粉要比直链淀粉高很多，支链淀粉的高比例也是面团易"黏糊"的重要体现。

二、认识面粉

从小麦到小麦面粉，其中需要经过严密的制粉工艺。制粉工艺的高低与国家的经济发展水平有直接关系，发达国家多采用科技含量高的大型设备，发展中国家多使用中小型设备或者单机，同时可以配合多工艺流水线。所以各国的制粉工艺与面粉质量有很多的不同之处。

目前，在国际烘焙市场中常用到如以下几类面粉。

传统T45面粉（法国）

传统T55面粉（法国）

传统T65面粉（法国）

T80全麦粉（法国）

T85黑麦粉（法国）

T110全麦粉（法国）

T130黑麦粉（法国）

T170黑麦粉（法国）

T1150黑麦粉（德国）

紫罗兰牌薄力粉（日本）

山茶花牌强力粉（日本）

百合花牌法式面包专用粉（日本）

（一）法国面粉

法国面粉的分类标准与矿物质的含量多少有关。

为了确定小麦粉中的矿物质多少，制粉业利用矿物质的不可燃性质，将一定量的面粉燃烧至高温，再称量矿物质的残余灰烬量，即灰分，计算出每100克面粉所含灰分是多少，即可决定面粉的型号。

以 "T+数字" 来标记和区分，数字越小，说明面粉的精制度越高，面粉越白，灰分和矿物质含量越少；反之，数字越大，说明面粉的精制度越低，面粉发灰或发黑，灰分和矿物质含量越高。

法国有两大面粉加工工艺类型，一类是机磨粉，另一类是石磨粉。机磨粉又分为传统面粉和通用面粉（预拌粉），传统面粉是没有添加剂的面粉，一般情况下，传统面粉包装上会有 "Tradition"（传统）或者 "artisan boulanger"（手工面包专用）的字样。制作酵种时的面粉种类必须使用传统面粉，因为通用面粉或者预拌粉都含有一定量的、多品种的食品添加剂，这些材料用于酵种制作在长时间的发酵过程中，会产生很多杂菌，导致酵种风味不纯，缺乏天然香味。

法国面粉的制作传统源自19世纪的石磨工艺制粉，这种制粉可以保留小麦几乎全部的营养物质，如今传统工艺的低速无法匹配烘焙行业的高速发展，在增速研磨技术的同时，为了满足和达到 "传统工艺" 的优良品质，法国面粉会在制粉环节中加入胚芽粉（和）或麦芽粉，用以保存小麦的原始香气，几乎不含添加剂，以此来制作面包极其考验面包师的技术。

通用面粉或者预拌粉则加有抗坏血防酸、维生素C、脂肪酶等添加剂，制粉技术与传统粉不同，是通过添加剂来达到或者维持T系列面粉的特性，比如，T55预拌粉在一定程度上可以达到传统T55的特性，甚至在某些方面预拌粉更稳定和便捷，适合绝大多数人使用，但是预拌粉的营养、健康和风味达不到传统粉的效果。

根据灰分含量的高低，法国的小麦面粉被划分为各种型号，国内常称为T（type）系列面粉，它们主要包括T45（含传统粉和通用粉）、T55（含传统粉和通用粉）、T65（含传统粉和通用粉），这三种面粉也称为 "白面粉"，几乎不含麸皮，灰分含量也不高。

T80（石磨粉）、T110（传统粉）、T150（传统粉）属于全麦粉，麸皮含量较多，其中T150面粉属于全麦面粉，保留了小麦全部或者大部分麸皮，含有大量的矿物质和营养元素（灰分含量高），但是也包含了小麦的胚芽部分，所以面粉较易发生变质。

T85、T130、T170面粉属于黑（裸）麦研磨而成，面粉颗粒是由细到粗，灰分含量依次增加。营养成分极高，但是粉质缺乏面筋蛋白质，无法构成强韧的面筋网络。

种类	灰分比例 （大致区间）	说明
T45面粉	< 0.50%	白面粉（软麦为主，标准糕点用粉）
T55面粉	0.50%～0.60%	白面粉（硬麦为主，标准面包用粉，以及部分糕点用粉）
T65面粉	0.62%～0.75%	白面粉（筋度较高面包用粉）
T80面粉	0.75%～0.90%	淡色全麦面粉（棕色面粉，保留部分麸皮）
T110面粉	1.00%～1.20%	全麦面粉
T150面粉	> 1.4%	深色全麦面粉
T85面粉	0.75%～1.25%	淡色裸麦（黑麦）面粉
T130面粉	1.20%～1.50%	深棕裸麦（黑麦）面粉
T170面粉	1.70%左右	裸麦（黑麦）面粉

备注： 法国以灰分含量为主要型号标准，所以即便是同一款面粉，不同时节、不同批次的出产也会有一定的区别。

（二）德国面粉

德国的面粉类型是按照矿物质含量来划分型号的，同法国类似或者相同，以"Type+数字"来进行标记和区分，数字大小与面粉筋度无关，只是代表矿物质含量的高低。

常见的有Type400、Type405、Type480、Type812、Type1050、Type1060、Type1150等，前三种面粉为德国的蛋糕制作面粉。后面几种偏向面包使用，其中Type1050与Type1060是全麦面粉，Type1150是黑裸麦粉。

Type后面数字越大，矿物质含量越丰富，面粉颜色越深。相反，则矿物质含量相对较少，颜色较浅。

（三）意大利面粉

意大利面粉是依照小麦的精制程度来进行分类的，主要有两大类，一类是硬麦粉，另一类是小麦粉。

硬粒小麦，又称杜兰小麦，源自地中海，颗粒平滑，主要种植地区在欧洲和亚洲中部，如意大利、印度等，其小麦的蛋白质含量非常高，面筋含量也较高，所以以此制成的面粉适合用于硬质面包和意大利面包的制作。硬麦粉颗粒较粗，颜色偏黄，蛋白质含量很高，能形成较强的面筋网络，是硬质面包和意大利面包的常用粉。

小麦粉分为0号、00号、1号、2号面粉和全麦粉，国内常用00号面粉来制作比萨。

（四）日本面粉

日本法律对包括面粉在内的农产品做出了规定，包括基本特性和功能特性的要求，对面粉的精度、灰分含量、蛋白质筋度的强弱等都有一定的要求。

日本面粉的特点在很多面粉包装上的标识中都能看到，比如粉质细腻、吸水性强，但是灰分含量较低，普遍接近0.4%，这个含量对比法国面粉来说，甚至比T45还要低一点。日本面包用粉主要的等级划分主要依据是蛋白质含量，但还会标识灰分比例。

比如，国内常用的日本紫罗兰牌小麦粉，属于低筋面粉，蛋白质含量在8.1%±0.5%，灰分含量在0.33%±0.03%。质地细腻、颜色雪白。适用于海绵蛋糕、戚风蛋糕、常温蛋糕、饼干、和果子、中式点心、果子面包等。

山茶花牌小麦粉，属于高筋面粉，蛋白质含量在11.8%±0.5%，灰分含量在0.37%±0.03%。适用于吐司、餐桌面包卷、花色面包等。

百合花牌小麦粉，以小麦风味与香气为特色，也称法式面包专用粉，适合硬质面包的制作，如全麦面包、欧式面包、杂粮面包、餐包等。其蛋白质含量在10.7%±0.5%，灰分含量在0.45%±0.03%。除了制作法式面包外，在日本烘焙中，百合花牌面粉因其较高的灰分含量，能够给面包带来丰富的香气与风味，同时中等的筋度也能呈现较好的组织与口感，所以也常与其他面粉混合来制作面包，比如有很多日本面包师傅喜欢在高筋或者特高筋面粉中加入百合花牌面粉来制作吐司。百合花牌面粉也是日本面包师制作酵种常用的面粉品种之一。

种类	灰分比例	蛋白质含量	说明
紫罗兰牌小麦粉	0.33%±0.03%	8.1%±0.5%	适用于蛋糕、点心类产品
山茶花牌小麦粉	0.37%±0.03%	11.8%±0.5%	适用于吐司、餐包类产品
百合花牌小麦粉	0.45%±0.03%	10.7%±0.5%	适用于欧式面包、全麦面包、酵种等制作

第二节 酵 母

酵母是一种生物膨松剂，是一群微小的单细胞真菌，是具有生命特征的生物体，它分布于自然界中，属于天然发酵剂，是一种典型的异养兼性厌氧微生物，即在有氧和无氧条件下都能够存活。

一、酵母菌特点

酵母菌是异养菌，也是兼性厌氧菌。

（一）异养菌（heterotroph）的特点

异养菌必须以有机物为原料，才能合成菌体成分并获得能力。

异养菌的特点是以吃现有的有机物来生存，所以在面包制作中，添加适合酵母菌食用的有机物对于酵母的生长与代谢有至关重要的意义。

酵母菌以食用葡萄糖来进行生理代谢。葡萄糖主要来自蔗糖与麦芽糖等糖类的分解，这个是最直接的方式。

常用的糖类材料详见下表。

名称	单双糖	成分	材料来源
乳糖	双糖（葡萄糖+半乳糖）	//	乳糖
麦芽糖	双糖（葡萄糖+葡萄糖）	//	麦芽糖浆、麦芽粉、麦芽精
海藻糖	双糖（葡萄糖+葡萄糖)	//	海藻糖
葡萄糖	单糖	//	葡萄糖浆、转化糖浆等
蔗糖	双糖（葡萄糖+果糖）	//	各类砂糖
果糖	单糖	//	转化糖浆
玉米糖浆	//	葡萄糖、麦芽糖	玉米糖浆
转化糖浆	//	葡萄糖、果糖、蔗糖	转化糖浆

以上单糖和双糖都是可溶性糖，单糖可以直接用于酵母发酵。双糖不能直接用来发酵，必须经过分解，分解需要在酶的作用下才能快速进行，麦芽糖和蔗糖对应的酶是麦芽糖酶和蔗糖转化酶，这两种酶都可以产生在酵母菌的代谢分泌中，有些材料中也会自带这两种酶，同类功效的材料、不同品牌和状态所带的效果不一样，比如鲜酵母的蔗糖转化酶活性就比干酵母要强。

酵母分泌酶不一定能分解所有的双糖，比如乳糖，酵母菌无法分解乳糖，但是乳酸菌可以，有些面粉中就含有较多的乳酸菌，在酵母菌生长繁殖的过程中，乳酸菌也会同时发挥作用，所以面包制作需要一个十分复杂的环境。

关于酵母菌食用葡萄糖的延伸问答

① 问：如果在面团制作过程中，同时存在多种糖，酵母菌代谢会不会非常快？

答：不是的。酵母菌也是会"挑食"的，一般情况下，酵母会先"吃"葡萄糖，同时，蔗糖继续进行转化，会产生葡萄糖和果糖，在这个过程中，果糖的浓度有很大可能会上升，在酵母菌数量和活性达到一定程度时，果糖才会慢慢被"吃掉"。除了蔗糖外，麦芽糖也会参与转化，但是相较蔗糖来说，麦芽糖的转化会很迟缓。一般在面包制作的后半段，麦芽糖的"功能"才会慢慢显现出来。

② 问：糖是酵母发酵最大的能源，那加大糖的量会不会使面包制作加快？

答：不完全是。糖的量过高，浓度会增大，酵母作为一种微生物，其周边的渗透压也会增大，会威胁到酵母的生长与代谢，继而抑制酵母菌的生长。

③ 问：面包制作中的糖除了作为酵母的营养剂以外，有没有别的功能？

答：当然有的，糖在面包制作中是不可或缺的。首先糖是最优甜味剂。其次在面团制作中的糖除了用于酵母发酵以外，还会有剩余的糖存在面团制作中，这些糖在后期烘烤中会加速面包表皮上色，并伴有很浓郁的香味。糖还可以改善面包的保水性、提高产品的存放时间等。

④ 问：除了糖类之外，还有哪些可以作为酵母的食物来源？

答：有直接的糖源，也有间接的糖源。食品材料中的糖主要分为蔗糖和淀粉糖两大类，蔗糖就是普遍使用的砂糖制品，淀粉糖的意义就是以淀粉或含淀粉的原料，经特殊加工工艺制成的液体、粉状（和结晶）的糖，常见的有葡萄糖、葡萄糖浆、葡萄糖浆干粉（固体玉米糖浆）、麦芽糖、麦芽糖浆、果糖等。所以淀粉是糖的"大宝库"，小麦面粉中天然存在淀粉酶，可以将一定的淀粉分解为糊精，再进一步分解为麦芽糖，为酵母所用。

（二）兼性厌氧菌（facultative Anaerobe）的特点

酵母菌是属于兼性厌氧菌，在有氧或无氧环境下都能生长或者维持生存，不过在有氧的环境下，酵母菌的生长较为迅速，在无氧的条件下，其自身的活动产生的能量较少，其过程有有氧呼吸和无氧呼吸两种方式。

有氧呼吸是指酵母菌细胞在氧气的参与下，通过各种酶的催化作用，把有机物彻底氧化分解，产生二氧化碳和水，并释放出能量的过程。

无氧呼吸是指在无氧环境下，通过各种酶的催化作用，动植物细胞把有机物分解成不彻底的氧化产物，同时释放出少量能量的过程。无氧呼吸产生的是不完全氧化产物，主要是酒精和乳酸等。

1. 无氧发酵的优点

酵母菌在进行无氧发酵的过程中，可以产生酒精，酒精会被面团中其他有机酸转化成酯化合物，能为面包增添别样的风味，所以，面团进行无氧发酵时，会产生多种风味。

其简易方程式：$C_6H_{12}O_6 \rightarrow 2C_2H_5OH + 2CO_2^+ 能量$

2. 有氧发酵的优点

酵母菌在进行有氧发酵时，能够进行更有效的产气，在理论上，其产气的能力是无氧发酵时的3倍左右，但过程中不会产生有机化合物，所以风味就会有所下降。

其简易方程式：$C_6H_{12}O_6 + 6O_2 \rightarrow 6CO_2 + 6H_2O^+ 能量$

综上所述，酵母菌在面团制作中，其自身的呼吸方式与面团最终的体积大小和风味有直接的关系，有条件地改变氧气的参与性，可以调整酵母的有氧和无氧的发酵进程，来为最终呈现的状态进行服务。

二、常用的酵母种类

（一）干酵母与鲜酵母

"干"与"湿"是市售酵母的两种最常见的状态，此状态与酵母菌的生产方式有直接关系。

干酵母的生产是由酵母菌的培养液经过低温干燥等特殊方式得到的颗粒状

物质，有活性干酵母和即发活性干酵母两大类。鲜酵母是由酵母菌培养液脱水制成。两种酵母所含的酵母菌数量、使用方法以及储存方式等都不同。

相较于干酵母储存的便捷，鲜酵母的储存要时刻注意内部酵母的生存条件。一般情况下，鲜酵母适合存放的温度是0℃~4℃，冷藏，因为这个温度范围内酵母只是会通过缓慢的代谢来维持生命，是处于休眠状态的。保质期在45天左右。如果存放的温度低于0℃，鲜酵母的水分会开始结冰，酵母会停止代谢，逐渐死亡，失去活性。而且结冰产生的冰还会将酵母细胞的细胞壁刺破，使活的酵母也受到损伤。如果存放温度高于5℃，鲜酵母开始慢慢活动，再高一点，就会代谢旺盛，加速酵母老化。酵母死亡后会成为一个营养丰富的细菌培养基，产生很多有害细菌。

注意事项：鲜酵母与干酵母的对比

1. 相比干酵母来说，鲜酵母的保质期很短，保存条件严苛。

2. 相比干酵母来说，使用鲜酵母制作的面包更具有风味。

3. 相比干酵母来说，鲜酵母的使用量要更大，一般情况下，鲜酵母：活性干酵母：高活性干酵母=1：0.5：0.3。

（二）高糖型酵母与低糖型酵母

一般来说，糖的添加量在面团中超过7%（以面粉计）时，适合使用的酵母被称为"高糖酵母"，反之称为"低糖酵母"。高糖酵母适合制作甜面包；低糖酵母适合制作无糖或者含糖量较少的产品，比如馒头、欧式主食面包等发酵食品。两种酵母类型的主要目的是使酵母在不同的环境中都能更好地充分产气，使面团最大限度地膨胀蓬松，制作出更加优质的产品。

1. 高糖型酵母

在含砂糖的面团中，酵母菌会优先选择砂糖中的蔗糖分子作为自身代谢的能量来源。糖型酵母所含的蔗糖转化酶可以加速糖的分解，给酵母提供营养，促进面团的发酵；如果加入的是低糖的酵母，那么糖分解速率不会产生较大的影响。

一般情况下，糖/面粉≥5%~7%（区间范围与酵母的生产厂商有关系）时，适合使用高糖型的酵母。

2. 低糖型酵母

在不含砂糖或者含糖量非常少的面团中，酵母菌的养分需求就不再由蔗糖大分子提供，含有双葡萄糖分子的麦芽糖就成了酵母菌的最佳选择。麦芽糖可以由淀粉分解而得，而单糖分子可以由麦芽糖分解而来。低糖型酵母的麦芽糖酶活性很高，它在淀粉分解、产生麦芽糖后加速麦芽糖的转化，为酵母菌提供生长所需。而高糖型酵母含有的蔗糖转化酶活性较高，在蔗糖分子缺少的情况下，它的作用就非常小了。

一般情况下，糖/面粉≤5%~7%（区间范围与酵母的生产厂商有关系）时，适合使用低糖型的酵母。

注意事项：什么是蔗糖转化酶？

蔗糖转化酶是一种常见的酶，广泛存在于酵母、细菌和植物中，能够催化蔗糖的水解反应（不可逆的），生成葡萄糖和果糖。

第三节　其他材料

一、盐

面包制作中使用盐的量可能不多，但是盐对于面包制作具有关键性影响。面包制作中可以没有糖，但是不可以没有盐。面粉、酵母、水和盐共称为制作面包的四大基本材料。

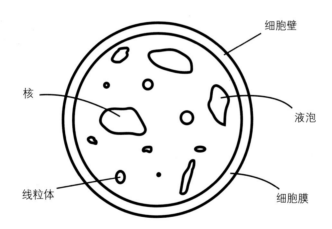

如图所示，酵母是一种带有细胞壁和细胞膜的微生物，所以其生产和代谢受到外界压力的影响，盐与糖一样，浓度的高低会影响细胞周围的渗透压。

酵母菌的细胞膜是一种对不同粒子的通过具有选择性的薄膜，是一类半透膜。细胞膜内外水溶液浓度不同，为了阻止水从低浓度一侧渗透到高浓度一侧而产生在高浓度一侧的最小额外压强被称为渗透压。盐和糖等材料对渗透压影响都极大，可使酵母体内的原生质渗出细胞外，造成酵母菌质壁分离而无法正常生长。

糖可以作为能量来为酵母菌生长提供支持，与糖不同的是，盐则不具备这个"被消失"的能力。所以盐在面团中的量会一直影响面团的水浓度，且盐能抑制酶的活性，继而抑制酵母菌产气。

在此基础上，也可以延伸出面包配方中其他可以影响渗透压的材料与盐的用量之间是有一定的关系，比如糖的量如果增加，盐的量应减少；油脂的用量如果增多时，盐的量可以增加；等等。

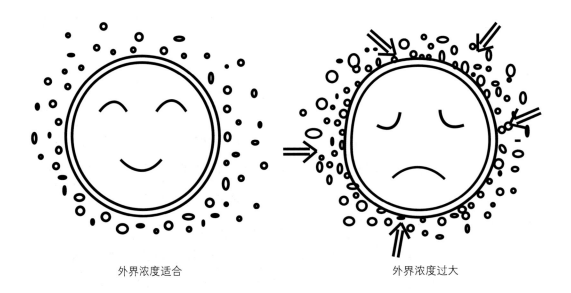

外界浓度适合　　　　　　　　　　　　外界浓度过大

通过盐量的大小可以调节酵母菌的生长和繁殖速度。如果在面团中不加入盐，那么外界的浓度过小，酵母菌会繁殖得特别快，使产气速度与面筋强度不匹配，易造成面团产生破裂或坍塌现象。

盐可以帮助增强面筋网络结构，增加面筋弹性，在对面团内部结构产生影响的同时，盐也能改善面包成形时的内部颜色，使内部颜色更加洁白。

同时，盐被称为"百味之源"，不仅自身能带给食用者"咸"的口感，也能更好地衬托出其他食材的风味。

二、水

水是面团制作的"基地"，所有的内部和外部工序都跟水有着直接关系。水作为一个场地给面包提供很多可能。

普通用水即可满足面包制作的普通需求，但是在实际实践中，硬度在100毫克/升的水质更适合面包的制作。使用硬水可以让面筋变得更强劲，同时这种水质中含有的多种矿物质对面包制作的整个流程会产生影响，对面包的外形和风味都起到一定的积极作用。

> **注意事项：什么是水的硬度？**
>
> 水的硬度可以简单地理解为水中的钙、镁等矿物质含量的指标，用毫克/升来表示。0毫克/升的水被称为纯水，我们常说的纯净水接近于纯水，但是基本上还是含有一定量的矿物质。
>
> 此外，0~60毫克/升为软水，61~120毫克/升为软化水，121~180毫克/升为硬水，以上还有超硬水等，矿泉水含有很多矿物质，硬度有高有低，有时甚至会达到400毫克/升。

三、黄油与其他油脂

黄油是从牛奶中提炼出来的油脂，其所含脂肪成分大约在80%，水的成分大约在15%，其他是牛奶中的常见成分。英文名butter，也有一些别名，如牛油，有时也被称为"奶油"。

（一）黄油的内部结构

黄油的制作原料是牛奶，经过搅拌、压炼等方式制作而成，其内部主要结构是以半固态的游离脂肪连续体把脂肪球、固态晶体和水滴包裹住，均匀排列的晶体在低温状态下稳定，呈现固体状态，而在温度高的环境下，不受"束缚"的脂肪会产生软化，甚至变为液体状态。

黄油的制作的一般流程：牛奶通过离心机分离，生成稀奶油和脱脂牛奶。之后稀奶油进入搅拌桶中，在外力作用下稀奶油中脂肪的脂肪球结构会被破坏，即原本"水包油"的平衡状态被打破，包裹脂肪球的膜破裂，脂肪与水开始"分离"，部分水分被析出，脂肪开始聚集、凝结（期间可以加入调味材料），继续进行搅拌至所需质地。

（二）黄油的种类

不同品牌的黄油脂肪含量不一样，制作配方也不一样，这样就呈现了市面上许多风味不同、硬度不同的黄油种类。

在黄油的加工制作过程中，可添加糖、盐、发酵菌种等，加入不同的添加材料可得到不同风味的黄油。常见的有以下几种。

无盐黄油：这是最常见的一种黄油类别，对比有盐黄油，也被称为淡味黄油。

有盐黄油：这是在黄油制作过程中加入1%~2%的盐，加盐后的黄油的抗菌效果会增强，且风味有别于基础黄油。

发酵黄油：这是在乳酸菌等发酵菌种作用下，黄油逐渐酸化后经过加工而制成的带有特殊香味的黄油品类。

片状黄油：千层类面团包入黄油，由动、植物性油脂为基础材料，再加入盐、乳化剂、香味剂、合成材料等制成的固态油脂。乳脂含量在80%~99.9%，其余大部分为水分，所以可以简单地称其是水溶于油的一种乳状食用材料，有很好的可塑性。

（三）黄油在面团中的使用

黄油在4℃以下储存时，硬度比较高；在28℃左右呈膏状；在34℃以上逐渐熔化成液体。

油脂材料加入面包制作时，主要是靠自身的特性与面粉、水等发生一系列反应来影响面团最终状态，其中对面包影响较大的是油脂材料的起酥性、乳化性、可塑性、稳定性和特殊风味等，这些材料的性质都不一样，在材料选择时需要注意。

1. 黄油参与搅拌

当黄油添加入面团中去搅拌后，会在面筋网络、淀粉之间形成一个柔性界面，这个界面可以阻挡水分从淀粉层转向面筋网络，这个过程会导致两个主要结果，一是阻碍、延缓面筋网络进一步的形成进度，增加搅打的时间；同时油脂混在面粉颗粒当中，也直接阻碍了面粉颗粒的粘连，增加面团的延展性。二是可以使淀粉保持更多的水分，延缓面包的老化速度。

黄油等油脂在面团中搅拌时，会混入空气，增大面团的"吸气能力"，使面团变得更大，还会使面团经过烘烤后变得更加酥脆和蓬松。

2. 黄油用于折叠包裹

千层面团制作是通过油与面折叠的方式形成不融合的层次，后期再通过多次折叠形成多层不融和的结构类型。

千层面团层次的产生依靠油脂均匀被折入层层的面皮之间，经高温加热烘烤后，千层面团内部的水分转化成水蒸气，在水蒸气的压力下层与层之间逐渐形成分离，面皮之间的油脂将面层分开，加之水蒸气的膨发将面团撑起，从而形成肉眼可见的层次。千层面皮的酥脆同样源自高温烘烤，高温加热时油脂作为传热介质作用于面皮，从而形成千层酥皮特有的酥脆口感。

注意事项：人造黄油的来历

人造黄油的基本组成结构与奶油是类似的，即含有80%的脂肪和15%左右的水分，但是脂肪部分并非来自牛奶，而是由黄豆、葵花籽、菜籽等植物油通过加工制作而成，在制作中会加入乳化剂（卵磷脂、单酸甘油酯等）、保存剂（脱氢乙酸）、酸化防止剂（山梨酸、维生素等）、色素、调味剂等材料进行复合加工，达到所需状态。人造黄油，也称作麦淇淋，英文名称margarine。

人造黄油制作基础是液体油变成固态油脂。在1900年前后，化学家们通过氢化改变脂肪酸结构，借助外力作用将不饱和脂肪酸变为饱和脂肪酸，从而使液态油变硬。但是在氢化过程中，会有一定比例的不饱和脂肪酸的结构发生不同的变化，从原本顺式几何构造转变成反式结构，即产生反式不饱和脂肪酸，这种结构更容易固化、更坚实，也更稳定。但是其会升高血胆固醇，有引发心脏病的风险。含这种产物的食品种类有一定的食用风险，相关产品包装上也都需标注是否含有此种物质或者含量几何。现代技术中已有别样的处理方式使脂肪硬化。

人造黄油的风味多来自香料，在加热工序中材料性质会发生不同程度的变化，甚至变成低劣的香味，影响成品质量。而黄油则很少有这种风险，烘烤加热会把黄油风味的质量增加。

人造黄油的出现除了成本的优势外，还有一个比较突出的优势，即它具有非常"灵活"的"熔点"。因为其制作原材料的不同，其成品的"熔点"也大不相同，有的即使是在冷藏下也是软化状态，塑形能力比黄油要强很多，所以对于千层类产品的制作，使用人造黄油作为"裹入油脂"制作产品要比使用黄油简单得多。

起酥油属于人造油脂，与麦淇淋相比最大的差别在于起酥油不含有水分。起酥油的呈现状态有固体、液体和粉末等，其作用近似猪油。其品类也较多，可分为植物性起酥油、动物性起酥油、动植物混合起酥油。因为其不含水分，所以霉菌较难繁殖，耐储存能力非常强。

起酥油的制作没有较复杂的香料成分和调味材料，所以能较好地与其他材料配合。

四、糖

甜味是基本味觉之一，在食品制作中，以糖为主体的甜味料是必不可少的调味料，甜味可以补充和平衡食品的各种味道和风味。甜味料与具有甜味功能的食品添加剂对于食品制作不但在味觉上不可或缺，同样地，它们本身的特性对食品工艺技术也有深刻的影响。比如糖发生焦糖化反应，带给食品色泽和口味上的重大改变；糖可以作为填充物充盈打发蛋白的气泡；糖作为营养物质给酵母菌提供能力；糖也是食品糖艺的主体材料。

（一）糖的甜度

糖的甜度是一个比较值，又称比甜度。它是一个相对值，并不是一个绝对值。一般以蔗糖为比较基准物，其甜度标识为100。除了用"甜度"这个相对值来表示糖的甜味的大小之外，还有一个浓度值可以给糖（单品种糖类）的甜度大小设定相对明确的数字，即波美度"°Bé"。其中波美度30°Bé是较为常用的糖水种类。

（二）糖的结晶、返砂与还原性

蔗糖具有三大物理特性：水溶性、渗透性、结晶性。

蔗糖的过饱和溶液在受到一定情况的影响会出现部分蔗糖结晶析出的现象。比如说将糖果放在空气湿度较高的地方，糖果中的蔗糖分子会吸收外部的水分，从过饱和状态转化成不饱和状态，那么糖果表面就会发黏，即发烊；当空气再干燥后，糖果中的水分会散发到空气中，糖果会再回到过饱和状态，糖分子彼此之间会产生键结，自行凝结成固体团状物，蔗糖分子会重新结晶，在表面形成白色的砂层，即返砂。

还原糖能和晶体表面形成暂时键结，继而影响蔗糖的结晶作用。所以还原糖有抗结晶性，并可提高整体的保湿性能。在糖类中，分子中含有游离醛基或酮基的单糖和含有游离醛基的二糖都具有还原性。常用的还原糖包含葡萄糖、果糖、麦芽糖、乳糖、转化糖（葡萄糖+果糖）。

注意事项：溶液的三种情况有不饱和、饱和、过饱和

① 溶液，是一种或一种以上的物质以分子或离子形式分散于另一种物质中形成的均一、稳定的混合物。

② 饱和溶液，是在一定的温度和压力下，溶剂中所溶解的溶质已

达到最大量的溶液。

③ 不饱和溶液，是在一定的温度和压力下，溶剂中所溶解的溶质未达到对应的饱和状态的溶液。

④ 过饱和溶液，是在一定的温度和压力下，溶剂中所溶解的溶质的溶解度已超过对应温度下溶质的溶解度，但是溶质仍未析出的溶液。过饱和溶液是不稳定的，如果外界的某些条件有所变化，过饱和溶液中的溶质就会结晶析出。

（三）糖的焦糖化

焦糖化是指糖类在受热到一定的程度时，分子开始瓦解分离而产生的化学反应。焦糖化属于褐变反应中的非酶褐变，是指在不需要酶的作用下而产生的褐变作用。

糖和水经过加热处理，到不同的温度，状态和可控性都有很大不同。从160℃开始，焦糖颜色开始由白变黄，170℃开始完全变黄，170℃~180℃，开始从黄变褐，其中的甜味越来越淡，苦味越来越重。有很多焦糖产品大都在这个区间。

焦糖化是这个过程最主要的反应。普通砂糖大都是蔗糖，焦糖化反应是170℃，葡萄糖焦糖化温度是150℃，果糖是105℃。所以，如果加入的糖种类不同，或同时加入几种糖类，要密切关注糖浆的颜色变化，这时温度就不能成为主要的衡量标准了。

注意事项：非酶褐变

非酶褐变是指在不需要酶的作用而产生的褐变，主要有焦糖化反应和美拉德反应两类。

焦糖化是在食品加工过程中，在高温的条件下促使含糖产品产生的褐变，反应条件是高温、高糖浓度。

美拉德反应，又称羰（tāng）氨反应，是指含有氨基的化合物（氨基酸和蛋白质）与含有羰基的化合物（还原糖类）之间产生褐变的化学反应。

（四）糖的分类

1. 食糖/蔗糖

以甘蔗、甜菜或原糖为原料生产的白糖及其制品（蔗糖），以及其他糖和糖浆。

当甘蔗糖分达到13%以上即可砍收，去除叶、梢和根等杂质，再送到糖厂加工，作为制糖的原料，再经过甘蔗压榨（甘蔗预处理——甘蔗压榨）、蔗汁的澄清、蔗汁的蒸发、煮糖、结晶、分蜜、干燥、过筛、称重、包装、入库等历程，最后进入市场销售阶段。

甜味有助于掩盖、平衡产品中其他成分的酸味、苦味、涩味等，可以大幅度提升人体感官对食物香气的反应。

所有的糖都是由碳、氢、氧三种原子组成的，食糖只是其中的一种。

2. 淀粉糖

以淀粉或含淀粉的原料，经酶和（或）酸水解制成的液体、粉状（和结晶）的糖。如葡萄糖、葡萄糖浆、葡萄糖浆干粉（固体玉米糖浆）、麦芽糖、麦芽糖浆、果糖、果葡糖浆、固体果葡糖、麦芽糊精等。

五、鸡蛋

鸡蛋在面包制作中是常使用的一种材料，含有大量的蛋白质，它的营养和自然风味是面包口感的重要组成部分。鸡蛋的加入可以使面包膨胀得更大，组织更加细腻。而且在后期的烘焙过程中，鸡蛋也可以帮助面包更好地上色。

蛋黄中含有的卵磷脂是一种天然的乳化剂，在面团制作中可以帮助材料更好地融合，增大面团的吸水量，使面团更加柔软，延缓面包的老化速度。

六、乳制品

乳制品当中含有大量的蛋白质、矿物质和维生素，添加到产品中去，可以增大产品的营养价值，帮助产品产生更好的风味。而且乳制品添加到产品中去，可以增大产品的吸水量，降低产品的老化速度。

（一）乳制品与乳蛋白

常用的乳制品有牛奶、奶粉、淡奶油和各种芝士奶酪，这些产品都含有大量的乳蛋白，这种蛋白对面团的酸度有一定的抑制作用，可以增长面包的发酵时间，但是同时，面团酸度的降低也会减缓淀粉分解酶的活动（淀粉分解酶的最适合pH值是4.7），所以一些牛乳品的增加也会伴着一些糖类的增加，这样才能满足酵母菌的生长需求。

（二）乳制品与乳糖

乳制品中的乳糖也是面包上色的主要作用力。乳糖只有在乳酸菌大量生存的情况下才会发生分解，产生葡萄糖和半乳糖，但是在面包制作中，酵母菌却不会利用乳酸菌。所以，乳糖在后期面包的烘烤中，会发挥自身还原性糖的特性，发生褐变反应，对面包的着色起着很大的作用。

第四节　设备与工具

一、设备

冷藏醒发箱：可调温度至0℃以下，本图所示冷藏醒发箱为18盘单门式，可调节温度范围为−12℃~40℃，适宜不同面包的发酵需求。冷藏醒发箱的作用温度区间大，在低温环境下也能提供良好的发酵环境；可节约时间，提高生产效率。

烤箱：图示为双层带蒸汽、带大理石板烤箱。

急速冷冻柜：急速冷冻柜适合冷冻面团、西点、蛋糕、冰激凌等产品的急速冷冻，通过急速冷冻可以使产品保持一定的水分和品质。图示机器空机从23℃降至-38℃仅需30分钟；产品从常温降至中心温度-7℃需要25~45分钟（具体视产品而定）。

双温柜：一般是上冻下藏，上层温度在-18℃~0℃，下层温度在2℃~8℃。图示为四开门双温柜。

热风炉：比较适合烘烤多层次酥脆的面包产品，烤箱内部带有热循环系统，且能够对风量进行控制，在烘烤过程中，能够产生一个较为理想的烘焙环境。

　　打面机：一般带有多种搅拌头，其中钩状搅拌头常用于面团搅拌，根据搅拌缸容积和功率的不同，搅拌机适合搅拌的面团重量不同，常见的有几十公斤至几百公斤不等，图示为25公斤的。

　　酥皮机：常见的酥皮机有落地型和桌上型，用于擀压面皮，酥皮机带有输送台，可以打开和折叠。

鲜奶机：和打面机的作用效果类似，容积较小，适合淡奶油、蛋白的打发搅拌工作，常使用网状搅拌头。

料理机：适合粉碎食材，顶部带盖和配料口，可以随时添加液体或者其他配料，搅拌更均匀、更细腻。

微波炉：常用的加热设备，常用于黄油、巧克力加热等。

电磁炉：常用的加热设备。

二、工具

烤盘车：多层置物架，底部带有轮子，主要用于带盘烘烤物的置放待凉。

电子称：常用的电子称量设备，主要用于称量较小质量的产品克数。

温度计：常用的温度测量工具，对产品的温度进行测量是比较精确的制作方法，针对不同的使用场景，有不同的温度计选择。烘焙用温度计大致可以分为机械式温度计、探针式温度计、红外线温度计。

① 糖浆温度计：此款产品的温度可以自动升降，还可以实时感应温度，读数精准且方便。

② 不锈钢探针式温度计：可以插入食物中心进行测温，但是不能接触烤箱内壁及金属物体，需要使用电池，带有LCD显示屏，可以直接读出接触产品的温度。是烘焙制作中比较常用的种类。

③ 红外线温度计：温度计不直接接触食物，需要使用电池，带有LCD显示屏，可以直接读出接触产品的温度。使用原理是通过测量物体表面反射的红外能量来确定物体表面的温度，适用于较难接触的物体的表面温度测量。

橡皮刮刀：适用于翻拌、切拌、压拌等混合方式。通过人力控制产品制作程度，操作方便且针对性较强。

手动打蛋器（蛋抽）： 适合需要快速搅拌的材料混合，因为其切割面较多，易造成消泡，同一方向搅拌时也易形成规律性网络结构，对泡沫类产品混合、酥性面团制作有局限性，但是多数液体混合适合使用此类工具。

网筛： 过筛是在产品过程中对干、湿性材料进行过滤处理的一种技术方法，可借助不同类型的网筛。

干性材料的过筛常使用的工具为平面网筛，速度较快，网筛的孔有大小之分，可以满足不同的筛选需求（网筛的目数越多，网筛的孔越小，可以过滤的食材越细）。

湿性材料的过滤除了能完成基础功能（如去除杂质、颗粒等）外，同时也可以帮助过滤空气。比如在淋面制作时，过筛可以去除淋面内部的气泡。其常用工具为锥形网筛，从侧面看这种工具呈三角形，适用于将材料过滤至小口径盛器中。

发酵布： 可使面包发酵的温度更加稳定；可以固定面包的形状，使外形更加圆润；可以吸收面团的表面水分。

擀面杖： 用于擀制面团。

毛刷： 刷蛋液。

切面刀： 适合分割大面团。

藤碗： 盛放面团，使面团定型；使面团表面形成漂亮的纹路。

压模： 压出所需形状。

五轮刀： 可拉伸、等距切割。

第五节　世界技能大赛烘焙项目基础要求

　　世界技能大赛对烘焙项目做出以下较为具体的项目最低要求，每届比赛各个模块评分占比稍有不同。

	部　分	评分比例%
1.	工作组织与管理	5
	个体须知：	
	●商业道德	
	●从购买原料到生产有价值的产品以及卖给顾客的过程	
	●连续生产与减少浪费的重要性	
	●工厂使用原料用于烘焙的考虑因素，包括季节、可用性、成本、储存和使用	
	●面包店中使用的工具和设备的范围	
	●与食品的购买、储存、准备、烹饪、烘焙和服务有关的法规和良好操作	
	个人应能够：	
	●准备并正确使用工具和设备	
	●在指定时间内有效地确定和规划工作顺序	
	●尊重原材料	
	●高效使用原料，尽可能减少浪费	
	●按规定成本准备产品	
	●为计划的工作准确预订货物和材料	
	●工作效率和工作环境及个人卫生，也要注意工作场所与其他的人	
	●展示良好的工作流畅性	
	●展示设计和工作技术的灵感、天赋和创新	
	●围绕指定主题工作	
	●按照一致的标准生产大量的烘焙产品	
	●与产品的尺寸和重量保持一致，以保持客户满意度和利润率	
	●专业和有效地应对意外发生	
	●如期完成工作	
	●在指定的时间准备好所有的客户订单	

	部　　分	评分比例%
2.	食品卫生、健康、安全与环境	5
	个体须知：	
	●与食品的购买、储存、准备、烹饪和服务有关的法规和良好操作	
	●新鲜与加工食品的质量标准	
	●食物变质的原因	
	●面包店中使用的工具和设备的范围	
	●了解在面包店内厨房设备使用以及安全操作	
	个人应能够：	
	●按照HACCP要求做好个人卫生标准和食品储存、准备、烹饪和服务	
	●遵守所有健康和食品安全法规和最佳操作方法	
	●根据HACCP安全存储所有商品	
	●确保根据最高标准清洁所有工作区域	
	●将业务内部HACCP概念应用于最后的细节	
	●安全工作，并遵守事故预防规定	
	●按照制造商的说明书安全使用所有工具和设备	
	●在工作环境中促进健康、安全、环境和食品卫生	
3.	沟通技巧	5
	个体须知：	
	●烘焙产品如何陈列有利于销售	
	●陈列、标牌对销售与传播的重要性	
	●促销品必须在法规范围内	
	●在公众视野和与客户打交道时的外表的重要性	
	●与跨团队、同事、承包商和其他专业人员的有效沟通的重要性	
	●需要与客户有效沟通	

续表

部　　分	评分比例%
个人应能够： ●与顾客进行专业对话 ●根据客户的特殊要求，制定合适的产品 ●与同事和其他专业人士的高效合作 ●成为有效率的团队成员 ●通过产品陈列最大幅度地提高销售额 ●始终注意自身外表整洁 ●与同事、团队和客户有效沟通 ●特殊状况下向管理人员、同事和客户提供的建议和指导 ●就事论事，以解决问题为方向开展讨论 ●促销活动的计划和实施 ●遵循详细的书面和口头指示 ●开发其他面包师能看懂并且做出来的好质量产品的食谱	
4.　利用原材料制作烘焙食谱	
个体须知： ●配方对质量控制的重要性 ●世界各地知名的烘焙产品的范围和特点 ●色彩应用，口味组合和组织结构 ●原料精准组合，以便生产的基本原则 ●如何通过使用不同的原料和工作技术创出烘焙产品的外观、质地和味道 ●如何处理不同的谷物和非谷物 ●各种面粉和配料对最终成品的影响 ●通过生产技术处理原材料 ●不同生产技术对烘焙产品的影响 ●用于生产烘焙产品的面团和面糊的范围和用途 ●哪些原料可以做馅料 ●为什么烘烤的馅料需要在高温下稳定 ●使用季节性水果和蔬菜做馅料的效果 ●外观、质地和味道的重要性	20

部　　分	评分比例%
个体必须能做： ●掌握各种碾磨产品和面粉对烘焙产品的影响的知识 ●利用自有对于干性物料和液体原料的了解，制作不同的面团 ●烘焙产品中原材料特性的应用知识理解 ●有效使用适当的材料和调味品 ●设计展示具有创新天赋的产品 ●设计甜味和咸味产品食谱 ●创建食谱用于起酥和面团生产烘焙产品，包括丹麦糕点、羊角面包、巧克力面包和油酥糕点产品 ●创建配方以生产一系列面包、卷、咸味产品、甜味和强化的产品 ●将产品设计为一致的尺寸、形状、外观、风味和标准 ●有效使用适当的调味剂 ●根据客户的要求设计零件 ●根据陈列地点以及零件用途设计外观 ●创建符合规格的零件	
5.　面团准备以及发酵过程	
个体须知： ●生产不同烘焙产品的方法，如快速面团，发酵面团，起酥面团，甜、咸面团 ●原材料对面团的影响 ●如何利用配料，如糖、鸡蛋、黄油、脂肪、奶等生产强化面团 ●面团温度的重要性 ●面团与不同谷物和不同研磨产品的制备差异 ●小麦面团形成面筋的重要性 ●如何处理和储存不同的面团 ●有关的发酵科学，如不同种类的发酵、参与发酵的成分，还有酸度的变化	15

续表

部　分	评分比例%
●做烘焙产品时何时使用全面团工艺 ●发酵面团的好处，如更大、更光滑，还有其他 ●通过制冷技术控制发酵，长时间发酵到后一天使用 ●预吸收或者淀粉糊化的预处理，如浸泡、煮、糊化 ●无酵母的老面团发酵 ●面包店中使用的工具和设备的范围 ●制作起酥面团的方法 ●准备死面用于制作装饰面团	
个体必须能做： ●利用干、湿物料制作面团 ●打面让面筋具有弹性与延展性 ●根据谷物与非谷物打面 ●利用酵母、老面种或者其他非发酵的物质制作面团 ●让面团产气形成质构 ●调节发酵过程 ●使用不同的发酵过程，如优先发酵、制冷技术和其他方法 ●发酵使风味与质构更完美 ●为了更好的质构翻转面团	
6.　面团成形与装饰	
个体须知： ●成形和装饰面团烘烤的重要性 ●世界上已知的某些产品的常用形状 ●用于成形和装饰的面包店中使用的工具和设备的范围 ●成形的技巧，如编织、不同形状的模具、烘焙的盒子等 ●形状或成形对最终产品的影响 ●起酥面团类、派类面团的制作方法 ●如何涂馅造型并一起烘烤大小面包的范围	25

部　　分	评分比例%
●有针对性地设计宴会面包还有其他装饰面包 ●灵活与艺术鉴赏结合 ●在不同传输带、运转设备、托盘等条件下最终发酵的重要性 ●烘烤前不同的处理方法，可以是重塑、切、划痕、打孔、喷水、刷油、撒粉等	
个体必须能做： ●面团的普通成形 ●会判断发酵到什么阶段可以分割成形 ●能处理一定重量发酵后的面团 ●按照计划能做均一的面包形状 ●大的小的烘焙产品都能做 ●根据客户要求定制面团形状 ●能大批量生产质量均一的产品 ●批量生产产品，确保质量、尺寸和表面质量保持一致 ●烘烤前有馅料的产品做馅装饰 ●运用不同的造型技巧 ●能决定烘烤前最终发酵的时间 ●在烘烤前利用不同的技巧完成装饰 ●使用不同的面团和面糊，制作和准备甜味和咸味的烘焙产品，如馅饼、煎蛋、甜甜圈、比萨饼以及更多 ●使用各种技术制作展示件或装饰面包	
7.　烘烤与烤后处理 **个体须知：** ●烘焙中使用的工具和设备的范围 ●在烘焙产品过程中发生的物理变化 ●不同烤箱系统中的热传递 ●产品烤熟需要多长时间	25

续表

部　　分	评分比例%
●小麦、黑麦或强化面团与面包在烘烤中的差异 ●如何烘烤其他烘焙食品，如馅饼或包馅料等 ●什么是最好起酥类产品 ●烘焙中断技术（部分烘烤面包） ●烘烤是如何影响面包的风味与色泽的 ●如何将面包产品从烤箱中取出后立即储存 ●离开烤炉后，如何存储不同的烘焙产品 ●完成最终产品的重要性	
个体能做到： ●有馅无馅都能完美烘焙 ●使用不同的烤炉与油炸锅 ●控制烤箱条件：温度、湿度、上火、下火、风门控制等 ●调节烘烤过程，使所有产品的形状、颜色和外壳都正确 ●正确估算产品的入炉涨性 ●中断烘烤过程以生产部分烘焙面包 ●完成部分烘烤面包的烘焙 ●烘烤后正确储存烘焙产品 ●利用不同技巧装饰面团 ●焦糖糕点 ●釉面烘焙产品 ●烘烤后使用馅料装饰 ●陈列待售	
总分	100

第四章
面包制作基础技能

第一节　基础手法

一、擀

使用擀面杖对面团进行擀压塑形，常见有圆形、长条形等。

二、压

使用手指、手掌、手肘等部位对面团按压塑形，常见有单掌压、双掌压、双手压、肘压等。

三、滚

使用手掌和手指将面团整成圆形，常见的方法有单手滚圆、双手滚圆等。

四、卷

五指微张，将面皮从上至下卷起呈圆柱状。

五、挤

一般和卷同步，在卷起面皮的同时，指尖向下向前用力，使面皮卷裹得更加紧密。

六、拍

五指伸直，使用手指、手掌或者手指与手掌共同在面团上发力，将面团表面变平。

七、搓

手指伸开，使用手掌对面团均匀用力，使面团来回滚动并拉长至合适的粗细度。

八、剪

用剪刀对面团进行裁剪，可使用反手剪和正手剪。

九、切

使用切面刀对面团进行分割或者造型。

十、揉

使用搓揉、推揉、摔揉等方式对面团进行整形，使面团更加光滑整洁。可使用单手，也可以使用双手。

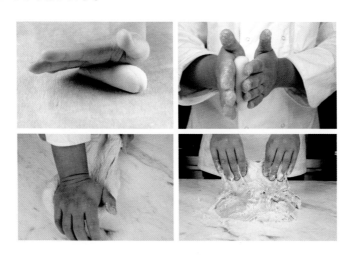

十一、捏

用手指尖将面团某些部位捏合在一起或者进行造型。

十二、缠

取适当的模具或者工具,将条状的面团以一定的规律缠绕在上面,整形成特定的样式。

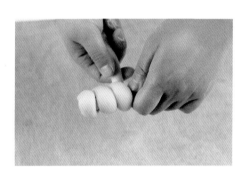

十三、编

一般针对于两条或者两条以上的面团整形，将面团以一定的规律相互交错形成一个特定的样式。

十四、包

用面皮将馅料完全包裹起来。

十五、叠

将面团进行折叠堆砌，使整体形成一定的造型或形状。

十六、扭

双手一上一下或者一前一后反方向用力使面团形成类似麻绳的造型。

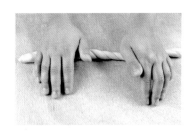

十七、拉

双手配合将面团向前或者向上拉伸，使面皮变长或者变宽。

十八、戳

手指张开，垂直于面团用力，在面团上能够留下类似孔洞的形状。

第二节　基础造型

一、开口笑

使用手形技法：剪。

二、十字花

使用手形技法：剪。

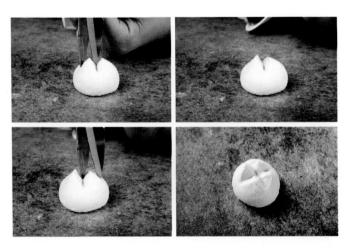

三、橄榄形

使用手形技法：擀、卷、搓。

四、手掌形

使用手形技法：擀、包、压、切。

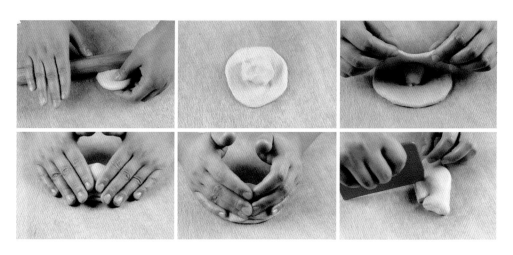

五、吐司卷

使用手形技法：擀、拉、卷、挤。

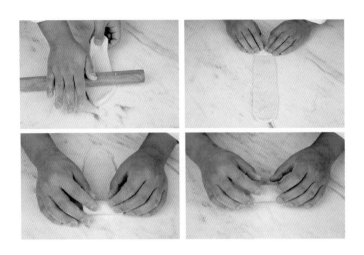

六、常规性圆柱形

使用手形技法：擀、压、卷、挤、搓等。

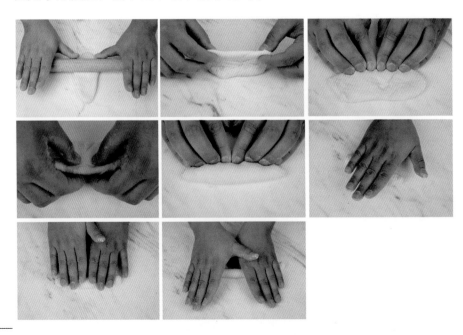

七、快速性圆柱形

使用手形技法：搓、切、揉。

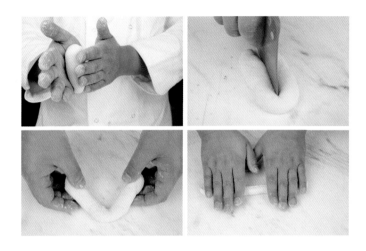

八、德国结形

使用手形技法：搓。

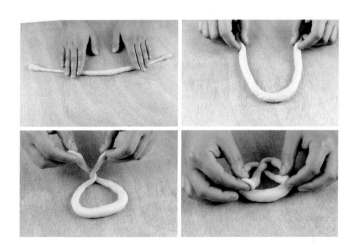

九、小圆环形

使用手形技法：搓、擀、包、捏。

十、大圆环形

使用手形技法：擀、卷、搓、包、捏。

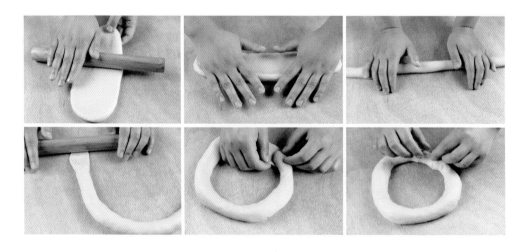

十一、花环两股辫

使用手形技法：搓、编、扭、捏。

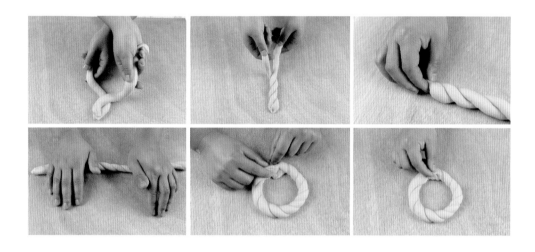

十二、钥匙形

使用手形技法：搓、扭。

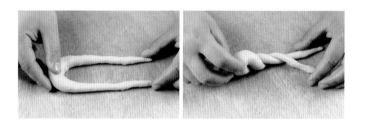

十三、烟盒形

使用手形技法：擀、叠。

十四、树叶形

使用手形技法：压、卷、按、搓、剪。

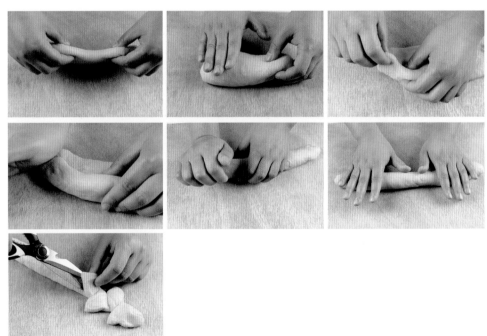

十五、圆饼形

使用手形技法：压、擀。

十六、螺旋形

使用手形技法：搓、卷、缠。

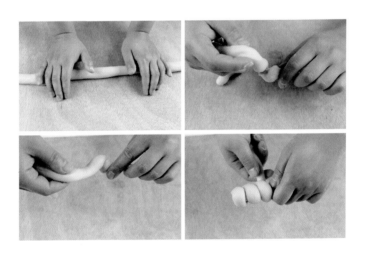

十七、包馅圆球

使用手形技法：压、包、捏。

十八、三角形

使用手形技法：压、叠。

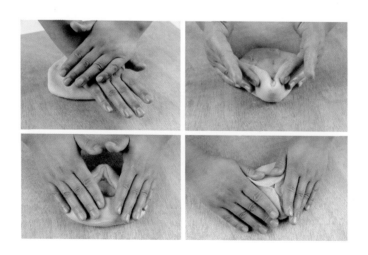

十九、罗宋卷形

使用手形技法：搓、擀、拉、卷、缠。

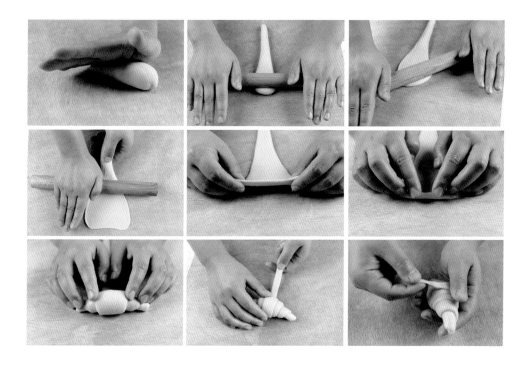

二十、八字形

使用手形技法：搓、折。

第五章

面包制作的工艺流程

第一节　工序流程制作简介

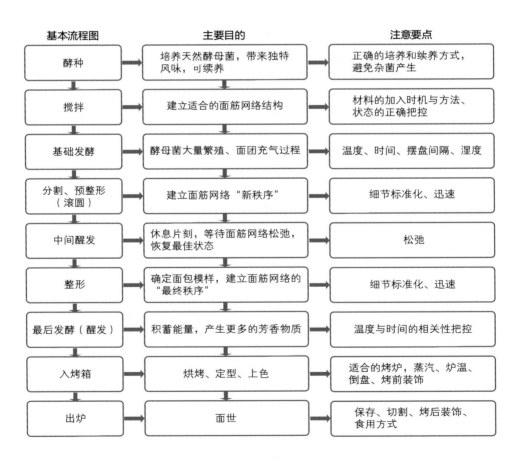

基本流程图	主要目的	注意要点
酵种	培养天然酵母菌，带来独特风味，可续养	正确的培养和续养方式，避免杂菌产生
搅拌	建立适合的面筋网络结构	材料的加入时机与方法、状态的正确把控
基础发酵	酵母菌大量繁殖、面团充气过程	温度、时间、摆盘间隔、湿度
分割、预整形（滚圆）	建立面筋网络"新秩序"	细节标准化、迅速
中间醒发	休息片刻，等待面筋网络松弛，恢复最佳状态	松弛
整形	确定面包模样，建立面筋网络的"最终秩序"	细节标准化、迅速
最后发酵（醒发）	积蓄能量，产生更多的芳香物质	温度与时间的相关性把控
入烤箱	烘烤、定型、上色	适合的烤炉，蒸汽、炉温、倒盘、烤前装饰
出炉	面世	保存、切割、烤后装饰、食用方式

工序流程解析图

第二节　固体酵种、液体酵种制作

　　酵种在面包中的作用，主要是为了增加面包的风味，是高品质面包的一个有力支持者。酵种最常用于传统面包的制作中，因为传统面包的材料使用较单一，在这种情况下，酵种的独特风味就会体现得更加显著。在面包配方较复杂的时候，如丹麦和布里欧修，酵种本身的风味就可能很难呈现出来，所以酵种不是一定要参与所有的面包制作中。根据实际条件即可。

一、酵种培养的方式

（一）准备阶段

　　黑麦粉：黑麦中除了含有酵母菌之外，也有一定量的乳酸菌，酵母菌与乳酸菌具有协同代谢的效果，在酵种培养过程中会帮助产生更多有益物质。此外，也可以用全麦粉或者法国传统等无添加剂的面粉种类制作酵种，不要用通用面粉或者预拌粉来制作酵种，那样会产生很多无益的杂菌。

蜂蜜：蜂蜜是酵种中酵母菌发酵的主要能源，因为糖浓度较高，内部的杂菌也较少，并且蜂蜜作为天然食品，也会提供给面团更多有益的可能性。

水：需使用可以直接饮用的水源，不能使用自来水，因为杂菌过多。可以使用冷的白开水。使用前，需测量水温，使用水的水温在40℃左右。

注意事项：

需要使用无菌的储存器皿，可在使用前用酒精来擦拭器皿的内外。

（二）制作阶段

1. 第一天：主酵种

原料：

黑麦粉100克，水（40℃）130克，蜂蜜4克

制作过程：

① 将所有材料全部混合均匀。

② 密封并放置在温度30℃的环境中发酵24小时。

2. 第二天：一次续种

原料：

传统T65面粉200克，主酵种234克，水（40℃）40克

制作过程：

① 将所有材料全部混合均匀。

② 密封并放置在温度30℃的环境中发酵24小时。

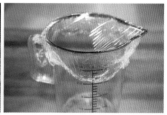

注意事项：

① 一次续种时注意事项：一次续种时，酵种的量还不是很多，为了更好地保存酵种的量和酵母菌，在混合材料时，可以先将水沿着杯壁往下倒入酵种中，配合刮刀使用，使酵种与杯壁轻柔脱离。

② 一次续种前后对比图。

图一：一次续种前外部状态　　图二：一次续种前内部状态　　图三：一次续种后外部状态

3. 第三天：二次续种

原料：

传统T65面粉200克，一次酵种200克，水（40℃）100克

制作过程：

① 将所有材料全部混合均匀。

② 密封并放置在温度30℃的环境中发酵24小时。

注意事项：

二次续种前后对比图。

图一：二次续种前外部状态　　图二：二次续种前内部状态　　图三：二次续种后外部状态

4. 第四天：三次续种

原料：

传统T65面粉200克，二次酵种200克，水（40℃）100克

制作过程：

① 将所有材料全部混合均匀。

② 密封并放置在温度15℃的环境中发酵24小时。

注意事项：

三次续种前后对比图。

 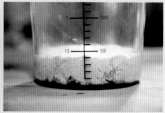

图一：三次续种前外部状态　　图二：三次续种前内部状态　　图三：三次续种后外部状态

5. 第五天：

（1）成活酵种（固体酵种）

原料：

传统T65面粉400克，三次酵种200克，水（40℃）200克

制作过程：

① 将所有材料全部混合均匀。

② 密封并放置在温度10℃的环境中发酵24小时。

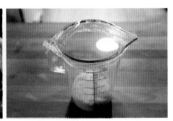

注意事项：

成活酵种（固体酵种）前后对比图。

① 成活酵种（固体酵种）制作前状态。

图一：制作前外部状态　　　图二：制作前内部状态

② 成活酵种（固体酵种）混合完成。

图一：制作刚刚完成外部状态　　图二：制作刚刚完成内部状态

③ 成活酵种（固体酵种）混合完成24小时。

图一：储存24小时后外部状态　　图二：储存24小时后内部状态

（2）成活酵种（液体酵种）

原料：

传统T65面粉400克，三次酵种 200克，水（40℃）400克

制作过程：

① 将所有材料全部混合均匀。

② 密封并放置在温度10℃的环境中发酵24小时。

注意事项:

成活酵种（液体酵种）前后对比图。

① 成活酵种（液体酵种）制作前状态。

图一：制作前外部状态　　　　　图二：制作前内部状态

② 成活酵种（液体酵种）混合完成。

图一：制作刚刚完成外部状态　　图二：制作刚刚完成内部状态

③ 成活酵种（液体酵种）混合完成24小时。

 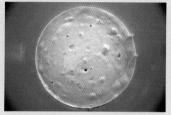

图一：储存24小时后外部状态　　图二：储存24小时后内部状态

延伸问答：

1. 问：第一天的酵种制作使用的是黑麦面粉，后期为什么更换面粉了？

答：可以把酵种的第一天的制作看成酵种培养的基调，黑麦面粉虽然含有很多营养物质和矿物质，但是杂菌也同样喜欢这样的"培养环境"，所以黑麦面粉不适宜大量地、不间断地、长时间地参与培养。另外，黑麦也易引发酵种发酸。所以，后期选择使用传统T65面粉等白面粉来进行培养制作。需要注意的是，尽量不要使用含有添加剂的面粉来制作，容易引发不必要的风味产生。

2. 问：培养酵种用水为什么要选用40℃的呢？

答：这个主要与酵母菌等微生物的繁殖有关，水温在40℃左右，与其他材料混合完成后，放入器皿储存时的整体温度在30℃左右，这个温度范围较适宜酵母菌生长，且对一些产酸菌繁殖有一定的抑制作用，比如醋酸菌的繁殖适宜温度在35℃左右，乳酸菌还要再高一些，在37℃左右。当然，温度与时间是两个相互影响的因素，从理论上说，发酵时间长，温度较低；反之，发酵时间短，温度就较高。

3. 问：随着酵种培养的深入，储存的温度为什么会慢慢降低呢？

答：这个与酵种培养的主要目的有关，前期以培养酵母菌数量为主，所以温度需保持适合酵母菌生长的环境，刺激酵母菌大量生长。后期培养的主要目的是维持酵母菌数量，使酵种内部环境逐渐趋于稳定的状态，同时使风味更佳。

二、酵种的续养

酵种经过培养过程后，内部的环境达到和谐的状态，酵母菌数量也稳定在一定的数值上。那么接下来可以以此为基础来续养酵种，固体酵种和液体酵种都可以一直续养下去。

（一）固体酵种的续养

原料：

传统T65面粉500克，固体酵种250克，水（45℃）250克

制作过程：

将所有材料全部混合均匀，密封并在室温下发酵2~3小时，放入冰箱（3℃）中冷藏一夜。

（二）液体酵种的续养

原料：

传统T65面粉500克，液体酵种250克，水（45℃）500克

制作过程：

将所有材料全部混合均匀，密封并在室温下发酵2~3小时，放入冰箱（3℃）中冷藏一夜。

延伸问答：

1. 酵种之间的转换

（1）固体酵种转液体酵种

原料：

传统T65面粉500克，固体酵种250克，水（45℃）500克

制作过程：

将所有材料全部混合均匀，密封并在室温下发酵2~3小时，放入冰箱
（3℃）中冷藏一夜。

（2）液体酵种转固体酵种

原料：

传统T65面粉500克，液体酵种250克，水（45℃）250克

制作过程：

将所有材料全部混合均匀，密封并在室温下发酵2~3小时，放入冰箱
（3℃）中冷藏一夜。

2. 酵种制作完成后，如果不想近期使用，该怎么办？

答：密封。密封放入冰箱中冷冻可以保存几个月甚至更长时间，但是这
样做是有一定风险的。因为酵母菌的生长条件虽然较宽泛，但是在极端条件下
还是会发生灭活的。可以将冷冻下的酵母菌想象成"深度休眠"，如果使用的
话，就必须要唤醒它们，唤醒的最直接方式就是将温度还原成酵母菌最适宜生
长的温度，如果失败的话，可以进一步考虑进行食物"喂养"，即添加新材料
来逐步恢复酵母菌的活跃程度。如果"喂养"的方式也未能使酵种达到理想的
状态，建议重新制作酵种。所以冷冻酵种是有一定的失败风险的。

（三）酵种：波兰酵种

原料：

传统T65面粉400克，水350克，鲜酵母1克

制作过程：

①将鲜酵母倒入水中化开。

②加入传统T65面粉搅拌均匀。

③盖上保鲜膜，放在室温（26℃）下发酵12小时。

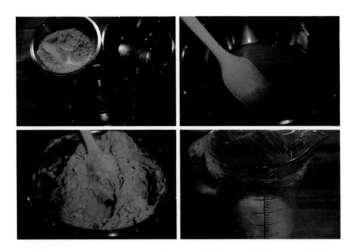

注意事项：

波兰酵种制作各阶段的对比图。

图一：波兰酵种刚制作完成时的外部状态　　图二：波兰酵种储存12个小时后的外部状态　　图三：波兰酵种储存12个小时后的内部状态

第三节　搅拌的六个阶段

　　面团搅拌是将原材料按照一定的比例进行调和，从而形成的具有某种加工性能的面团的一种操作过程。通过搅拌，主要可以完成三个目的：一是促使材料混合；二是使空气进入面团，使内部有一定的氧气；三是促使面粉吸水，形成面筋，继而形成所需的面筋网络结构。以上三点共同给酵母菌后期工序营造了一个舒适的生存环境。其中第一点与第二点都是混合搅拌的基本功能，难度不大。第三点是较难把握的。

　　面筋网络结构是一个微观的、较抽象的概念，是分子之间相互聚合、连接形成的立体结构，是支撑面团延展性和弹性的基础，是酵母代谢与生长的"屏障"和"收集箱"。所以搅拌形成适合面包制作的面筋网络结构是面包制作的重要过程。

　　面团搅拌过程，可看成面筋蛋白发生物理性质变化的过程，大致经过原料混合阶段、面筋形成阶段、面筋扩展阶段、面筋完全扩展阶段、搅拌过度阶段、破坏阶段，总共六个阶段。下面将详述各个阶段对面包制作的影响。

一、第一种搅拌方式——无油搅拌：适合大部分传统欧式面包的制作流程

（一）产品的搅拌说明

对传统法式面包的搅拌全过程进行解析。

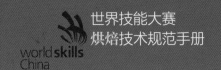

1. 材料的添加

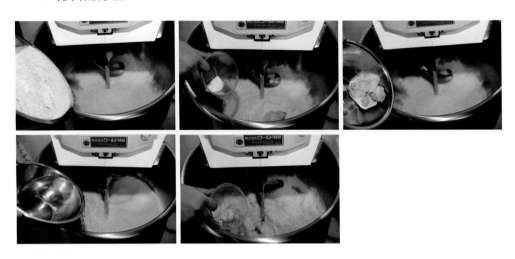

传统法式面团的材料添加顺序

顺序	材料名称	说　明
1	面粉	含小麦粉、黑麦粉、裸麦粉等谷物粉。针对上色功能的粉类除外，如南瓜粉、抹茶粉等
2	酵种	可加可不加，传统做法是一定要加的
3	盐	加入时，与酵种分开放置
4	水	注意调节水温
5	鲜酵母	一般选用鲜酵母，在正式搅拌开始后加入

　　材料的添加方式一般如上所示，但有的面包制作需要水解，比如需要制作造型的面包，一般传统法式面包制作也会用到水解过程，即面团在正式搅拌前，先将水和面粉简单混合至面粉湿润，在室温下静置20~30分钟，之后再加入其他材料进行混合搅拌。

　　水解可以增强面团的延展性。面团的延展性如果太弱，对于整形会造成很大的困难。同时水解可以缩短面包的打面时间，如果打面的时间过长，会使面包成熟时中心处泛白，风味减弱，并且保存时间也会变短。

2. 搅拌的"6+1"过程中的缸壁变化

搅拌过程中有六个基本过程，传统法式面包制作中会有一个"分次加水"的过程，主要是根据实际面包的质地来调节面团的软硬度，这个水的多少不一定完全按照配方用水来加，还需根据实际情况来确认，调整水的时机一般选择在面筋扩展阶段之后、达到面筋完全扩展阶段之前。

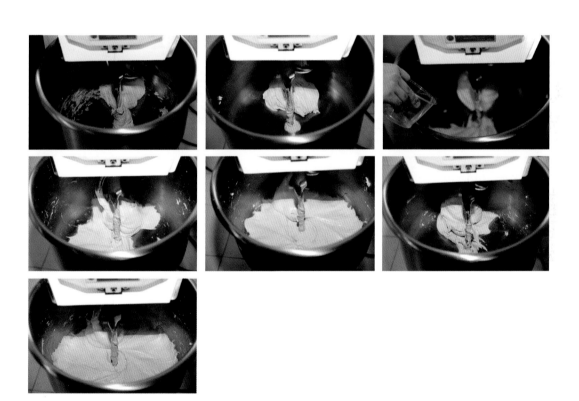

传统法式面团搅拌中的缸内变化

顺序	阶段	说　明
1	原料混合阶段	缸壁上还有面粉粘连
2	面筋形成阶段	缸壁有完全变光滑的趋势，还没有完全光滑
3	面筋扩展阶段	缸壁上开始粘连面团组织，面团易断趋势明显，此时是加调整水的时机
4	面筋完全扩展阶段	因为调整水的加入，缸壁上还有些许面团粘连，但是面团易分离趋势减弱，面团变得"强健"；如果不需要调整水的加入，缸壁会持续光滑直至出现"搅拌过度阶段"现象
5	搅拌过度阶段	面团开始坍塌在缸底，无法整体成团
6	破坏阶段	面团全部坍塌在缸底，面团表面水光明显

3. 面团搅拌的六个阶段的拉伸与弹性变化

面团的弹性、延展性、韧性与可塑性是制作过程中非常重要的物理性质，也是评价面包面筋网络结构最为重要的指标。

延展性是指面筋被拉长到一定程度后而不产生断裂的一种物理性质。

弹性是指面筋（湿面筋）被压缩或者被拉伸后恢复原本状态的一种能力。

韧性是指面筋在拉伸过程中所体现出的一种抵抗力。

可塑性是指面筋被保持在塑形状态下、不恢复原本状态的一种能力。

在以上四种性质中，一般来说，弹性与韧性呈正相关，弹性与可塑性呈负相关。弹性和延展性的关系较复杂，所以简单地探讨面团的面筋网络结构，可以从弹性和延展性来做主要说明。

（二）对比说明

1. 对比说明一

从搅拌过程中的面团中取出适量面团，双手均匀用力使面团向两边拉抻。

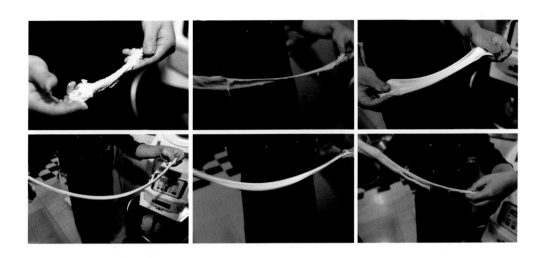

传统法式面团搅拌中面团的拉伸度对比

顺序	阶段	说　明
1	原料混合阶段	面粉颗粒明显，拉伸易断、拉伸不长、表面不均匀
2	面筋形成阶段	可以拉伸出一定的长度，拉伸表面不均匀
3	面筋扩展阶段	拉伸长度进一步变长，拉伸表面色泽水润，有部分呈现薄膜状
4	面筋完全扩展阶段	拉伸长度进一步变长，拉伸厚度均匀，不易断
5	搅拌过度阶段	拉伸长度由长变短，下坠力大，断裂趋势明显，拉伸表面有起水的趋势
6	破坏阶段	拉伸时开始断裂，拉伸表面开始变得不均匀

对比说明一总结：

随着搅拌的程度加深，面团的拉伸长度从短到长，再从长到短。

各个阶段中面筋完全扩展阶段与搅拌过度阶段拉伸的长度最长，且它们长度相当，但是后者拉伸面团的下坠力十分大，断裂趋势明显。

2. 对比说明二

搅拌的六个阶段的面筋膜变化，从搅拌过程中的面团中取出适量面团，双手均匀用力将面团抻出薄膜。

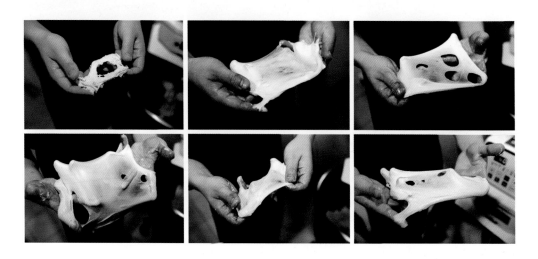

传统法式面团搅拌中面团的筋膜变化

顺序	阶段	说明
1	原料混合阶段	没有筋膜产生
2	面筋形成阶段	开始产生筋膜，但是筋膜十分不均匀
3	面筋扩展阶段	筋膜变得均匀，能形成较薄的筋膜，但筋膜易破形成孔洞，孔洞边缘呈不规则锯齿状
4	面筋完全扩展阶段	筋膜进一步变得均匀，能看清手指印，不易破，手指破开筋膜形成的孔洞边缘规则、圆润，无锯齿状
5	搅拌过度阶段	筋膜开始变得不均匀，表面泛水光
6	破坏阶段	能抻开面团，但是无法形成透明的筋膜，易破裂，破裂边缘呈锯齿状

对比说明二总结：

随着搅拌的程度加深，面团从不能抻出薄膜到能抻出薄膜，再到不能抻出薄膜；薄膜的状态从厚至薄，再至厚，甚至不成形。

各个阶段中，面筋完全扩展阶段抻出的面筋质量较好，面筋扩展阶段仅次之。这两者的状态对于初学者也是较难区分的。直观上，第四阶段比第三阶段形成的筋膜要薄，更均匀，用手轻轻按压薄膜能感受的弹力更大。同时，破出的孔洞也有区别，第四阶段的面筋孔洞边缘十分光滑，并是一个较自然的圆形，而第三阶段的孔洞则带有一定的锯齿，边缘不光滑，圆形也不规则。

二、第二种搅拌方式——含油搅拌

（一）产品的搅拌说明

对搅拌后期加入油脂的布里欧修面团的搅拌全过程进行解析，用搅拌前加入油脂的丹麦面团制作进行辅助说明。

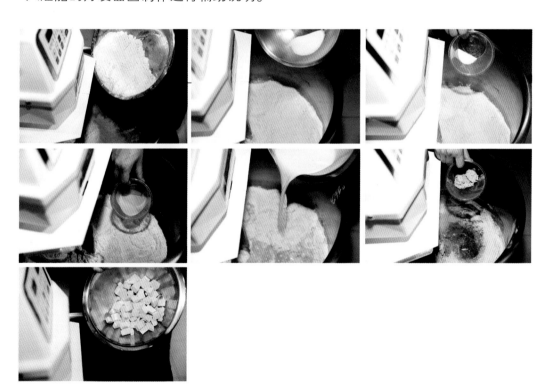

1. 材料的添加

布里欧修面团的材料添加顺序

顺序	材料名称	说　明
1	面粉	T系列白面粉、山茶花牌等蛋白质含量偏高的面粉
2	糖	以蔗糖为主，有时也会辅助使用麦芽系列产品
3	盐	前期加入，避免与酵母类产品接触（同理，也可最后加入）
4	蛋液	丰富口感和组织，同时充当水的作用
5	牛奶	丰富口感和组织，增加面包色泽，同时充当水的作用
6	酵母	本书中都采用鲜酵母，在搅拌开始后再加入，避免与糖和盐直接接触
7	黄油	黄油的加入方式与材料比有关，一般量多在后期加入，量少可在前期加入

2. 搅拌的"6+1"过程中的缸壁变化

与传统法式面包制作中的"分次加水"类似，除了六个基本阶段以外，含油面团的制作中也有一个加入黄油的时机变化。一般是在搅拌进行到面筋扩展阶段之后、面筋完全扩展之前的这一时段加入黄油。

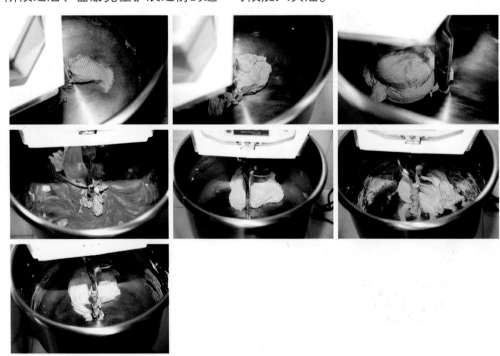

布里欧修面团在搅拌中的缸内变化

顺序	阶 段	说 明
1	原料混合阶段	缸壁上还有面粉粘连，含有鸡蛋成分较多，面团呈现黄色
2	面筋形成阶段	缸壁有完全变光滑的趋势，面团表面开始呈现光亮感，面团开始"变白"
3	面筋扩展阶段	缸壁变得更加光滑，面团变得更紧实
4	面筋完全扩展阶段	因为黄油的加入，黄油开始与扩展阶段的面团混合，面缸内由不光滑至光滑，面团表面最后变得更加有光泽
5	搅拌过度阶段	面团开始坍塌，缸壁内开始粘连面团组织，面团表面发黄、出油，缸壁经过摩擦产生的温度变化明显
6	破坏阶段	面团已经坍塌，缸壁经过摩擦温度变得更高，缸内出现酸败味，面团发黄，表面出油

3. 面团搅拌的六个阶段的拉伸与弹性变化

同只含基本材料的面团搅拌相比，含油类面团的搅拌时间要长得多。

（二）对比说明

1. 对比说明一

从搅拌过程中的面团中取出适量面团，双手均匀用力使面团向两边拉伸。

（1）面团搅拌（后加油）

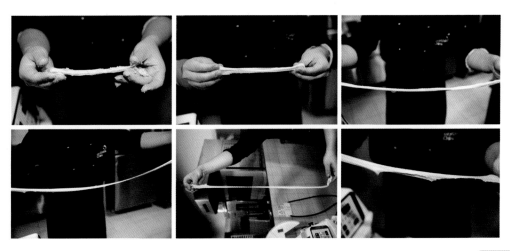

图示依次为：

原料混合阶段、面筋形成阶段、面筋扩展阶段、面筋完全扩展阶段、搅拌过度阶段、破坏阶段六个阶段。

（2）面团搅拌（前加油）

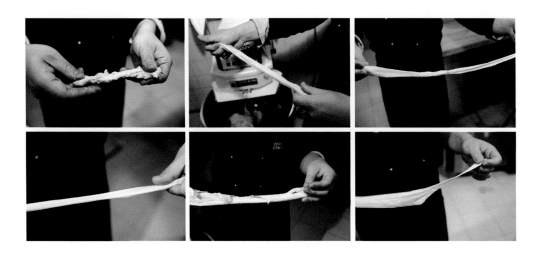

图示依次为：

原料混合阶段、面筋形成阶段、面筋扩展阶段、面筋完全扩展阶段、搅拌过度阶段、破坏阶段六个阶段。

对比说明一总结：

无论是后加油，还是前加油，面团都能在最后形成一个较好的拉伸长度和质量。但是搅拌时间都要比只含基础材料的搅拌时间长很多。

2. 对比说明二

搅拌的六个阶段的筋膜变化，从搅拌过程中的面团中取出适量面团，双手均匀用力将面团抻出薄膜。

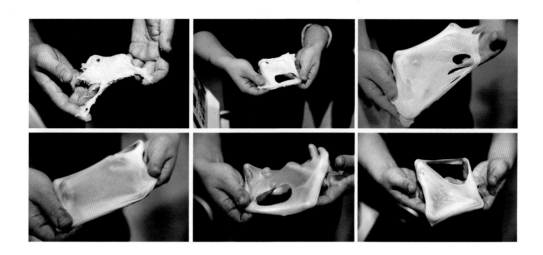

布里欧修面团搅拌中面团的筋膜变化

顺序	阶　段	说　明
1	原料混合阶段	没有筋膜产生
2	面筋形成阶段	开始产生筋膜，但是筋膜十分不均匀
3	面筋扩展阶段	筋膜变得均匀，能形成较薄的筋膜，但筋膜易破形成孔洞，孔洞边缘呈不规则锯齿状
4	面筋完全扩展阶段	筋膜进一步变得均匀，能看清手指纹，不易破
5	搅拌过度阶段	筋膜开始更加透明，但非常脆弱
6	破坏阶段	筋膜开始出现不均匀的状态，一拉就破

对比说明二总结：

随着搅拌的程度加深，面团从不能抻出薄膜到能抻出薄膜，再到不能抻出薄膜；薄膜的状态从厚至薄，再至厚，甚至不成形。因为有黄油和大量蛋液的加入，面团颜色会偏黄。

与法式面团相比，含有复杂成分的配方搅拌时间都偏长。同理，破坏面筋

的时间也会很长。

延伸问答：

1. 油脂对面团的制作主要起着什么样的作用呢？

答：油脂在面团制作中的作用主要是根据以下几种性质来体现的。

一是起酥性，这类性质主要是能帮助成品酥脆，但是对面筋网络的形成有限制作用。

二是可塑性，是指油脂在外力的作用下可以发生变形，具有柔软性，能变形但不会自己流动。

三是润滑性，简单地说，油脂在面团中是处在面筋蛋白质结构与淀粉粒子之间的，油脂的润滑作用可以帮助面团内部摩擦减小，更加便于面团发生膨胀、产生延伸，增大面包的体积。并且由于油脂在两者之间的关系，油脂也可以防止淀粉中的水分往面筋蛋白质结构中移动，保持淀粉中的水分，继而延缓淀粉的老化，延长面包的保存时期。

以上几点可说明油脂能改变面包面团的物理性质，在后续制作中能影响面包成品的口感与风味。

2. 油脂对面包成品具有哪些实际作用呢？

答：油脂的可塑性可以使油脂与面团一起延伸，在膨发状态下依然能使制品呈现层状组织，这个在丹麦面团制作中尤为突出。在烘烤过程中的润滑性也可以帮助面团更好地膨发，同时其也具备一定融合气体的能力，可以进一步使产品在烘焙中因为气体膨胀而产生酥松感。

每种油脂都带有自己独特的香味，可以通过烘焙，在高温环境下产生一系列物理和化学性质的改变，产生多样的香味变化。

第四节 发 酵

一、基础发酵

基础发酵发生在搅拌过程之后,是面包制作的关键环节,其主要目的是使面团经过一系列生物化学变化,产生多种物质,改善面团质地和加工性能,丰富产品风味,使面团膨发,同时能帮助面团的物理性质达到更好的状态。

(一)基础发酵中各物质的变化

在基础发酵的过程中,多种物质都发生了变化。

1. 糖的变化

基础发酵的过程是一个复杂的变化。酵母菌在各种酶的综合作用下,将面团中的糖分解,生成二氧化碳、酒精。面团中大部分的多糖、双糖、单糖,在这期间,都会对应各自不同的酶,供酵母菌直接或者间接"食用"。

2. 淀粉的变化

淀粉是由葡萄糖分子聚合而成的,是面团中的主要物质,也是糖类的"大宝库",其中面粉中的受损淀粉(每种面粉中的含量是不一样的)能在面团发酵过程中产生分解。

在面粉中存在天然的淀粉酶,即 α – 淀粉酶与 β – 淀粉酶,两种酶的作用产物是不同的。首先是 α – 淀粉酶使受损淀粉发生分解,生成小分子糊精,糊精再在 β – 淀粉酶的作用下生成麦芽糖,麦芽糖再在酵母菌分泌酶的作用下生

成葡萄糖，最终为酵母生长所需。

3. 面筋网络结构的变化

面团在经过搅拌之后，形成一个较均匀的面筋蛋白网络结构。在发酵过程中，酵母菌产生大量的二氧化碳气体，这些气体在面筋网络组织中形成气泡并不断膨胀，使得面筋薄膜开始伸展，产生相对移动，使面筋蛋白之间结合得更加适合。但是如果发酵过度的话，气体膨胀的力度超过了面筋网络结构合适的界限，那么面筋就会被撕断，网络结构变得非常脆弱，面团发酵就达不到预期效果。如果发酵不足的话，面筋网络没有达到很好的延伸，蛋白质之间没有很好的结合，那么面团的柔软性等物理性质就达不到最好状态。

4. 面团内部其他菌种的变化

发酵过程中，除了酵母菌会大量繁殖外，其他微生物也会进行繁殖，其中主要有乳酸发酵、醋酸发酵等，适度的菌种繁殖对面包风味会产生积极影响，但是量不能过多，过多的酸会引起面团产生恶臭气。

产酸菌种多来自产品制作材料、产品使用工具等，所以要注意直接接触器物等工具的清洁与消毒，尤其是在酵种制作环节中。

（二）基础发酵的基础工艺

1. 盛放工具

盛放面团的工具常称为周转箱，面团在放入之前，需要在周转箱中擦上一层薄油或者喷上一层脱模油；面团放入之后，需要将面团的表面整理光滑。盛放工具的大小要与面团的大小相适合，即不能将小面团放入过大的箱子中，否则面团有可能因为重力作用而四散坍塌，不能很好地膨胀；也不能将大面团放入过小的箱子中，因为面团会向四周膨胀，挤压容器。

2. 置放环境

酵母菌以及其他菌种生长对温度是十分敏感的，醋酸菌和乳酸菌的适宜生长温度在35℃~38℃，为了避免温度达到这一区间，并且使温度达到一个适合酵母菌生长的温度，所以一般理想的发酵温度要控制在26℃~28℃。

从酵母菌产气和持气能力来看，酵母菌的生长温度也不宜过高。在稍高温度下，酵母菌能在短时间内产生大量的气体，这些气体的量超出了面团的保持能力之外，也就是面团的持气能力降低、发酵耐力变差。在稍低温度下，酵母菌产气能力弱，发酵能力低，需要长时间的发酵才能到达所需的面团质地。所以发酵时间与发酵温度有着非常密切的关系。

同时，面团发酵过程中也需要注意湿度的问题，如果湿度过低，面团表面会由于水分的蒸发而产生干燥结皮，影响酵母菌的膨胀，继而对产品外观产生影响，一般情况下相对湿度保持在70%~80%。

3. 基础发酵的注意要点

翻面是指面团发酵到一定时间后，重新拾起面团，将四周面团再次向中间部位折起，使面团内部的部分二氧化碳气体放出，使面团的整体体积有一定的减小。

翻面的影响：

（1）使面团温度更加均匀，使内外的温度一致。一般是每30~40分钟进行一次翻面。

（2）增加面团的纵向筋度。一般的打面过程是增加面团的横向筋度，而翻面则增加面团的纵向筋度，使面团的筋度上下延伸。

（3）给酵母菌更好的环境。酵母的发酵需要空气和养分，翻面可以给酵母菌更换环境，提供更好的生存条件。

二、最后发酵（醒发）

最后发酵是面团在烘烤之前的最后一次发酵，也称醒发。面团在经过整形之后，已经具备一定的形状，最终发酵可以使面团内部因为整形而产生的"紧张状态"得到松弛，使面筋组织得到进一步增强，改善面团组织内部结构，使组织分布更加均匀、疏松，同时，最后发酵可以帮助面团进一步积累发酵产物，使面团产生更加丰富的物质来增添成品风味，达到面包所需要的体积大小。

（一）最后发酵的盛放工具

各种面团在经过整形后，置于醒发室中发酵，为了使整形面团的外形不会发生形变，内部组织更加疏松，一般都需要承载工具，工具使用取决于面包的制作需求。

1. 烤盘

将成形的面包放于烤盘中，也称烤盘式烘烤，大多针对40~60克的面团制作，此类面包摆放需要注意间距，避免面团发酵后的彼此粘连。一般多采取对称或者等间距式的摆放。例如下图。

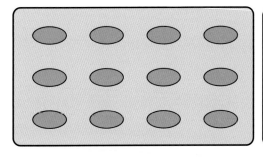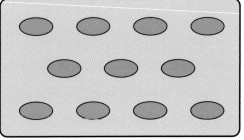

2. 模具

面包模具常用于造型面包和吐司的制作，将面团整形完成后放入模具中，进行最后发酵，使面团的发酵生长与模具样式先匹配，最终影响面团的烘烤成形。

3. 发酵布

面团可以放在发酵布上进行最后发酵，多适用于欧式面团等硬质面团制作，防粘的同时也可以方便移动面团。选择时宜挑选帆布、麻布等不起毛、不掉毛的发酵布材质。发酵布也可以随意变换形状，可以固定面团的形状，使面团的外形更加圆润，帮助面团发酵的温度更加稳定等。常见的法棍制作就用到了"山"字形折叠。

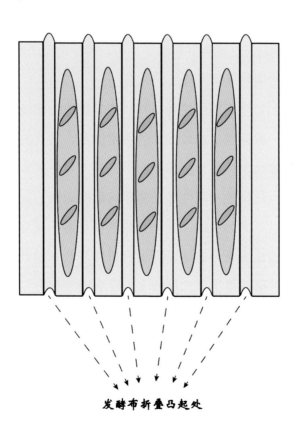

发酵布折叠凸起处

（二）最后发酵的置放环境

与基础醒发类似，最后发酵时同样需要考虑面团所处的温度和湿度，需要注意的是含油量大的面团对发酵温度要有一定的控制，否则过高的温度会融化面团中的油脂。

（三）最后发酵的注意要点

1. 根据基础醒发的结果调整最后发酵

在最后发酵过程中，时间和温度同样是发酵考虑的重要因素。但因为最后发酵是面团制作的最后发酵阶段，所以面团烘烤成形的内部组织结构等，与其有非常大的关系。如果前期基础发酵过程中面团醒发不足，那么就可以在最后发酵阶段延长发酵时间，使面团内部组织达到合理结构。但是如果前期已经发酵过度的面团，后期就无法使用并制作了，可以用于老面团制作。

2. 根据面筋程度调整最后发酵

在实际使用中，每个面团的使用材料，尤其是面粉的使用，对后期的面团物理性质影响巨大，首先搅拌起着很大的决定作用，其次发酵可以对面筋组织进行补充和加强。最后发酵作为面筋结构补充的"最后关卡"，要对面团整体的物理性质（弹性、延展性、韧性等）做尽可能的调整。如果是拥有较强面筋网络结构的面团醒发不充分的话，后期膨胀就很可能不成功；如果是较差的面筋网络结构的面团醒发太充分的话，再进行烘烤时就容易进一步膨胀，从而产生破裂。所以最后发酵需要根据面筋程度，综合前期搅拌和基础发酵的后果以及烘烤可能出现的结果进行发酵考虑。

第五节 面包的整形

面包的整形在面包制作工序中占有重要的地位，其直接决定了面包的成形样式，在成形过程中，也会给面团内部一个新的秩序和结构。

一、分割

关键词：快、准确

分割是面包成形的第一步，主要是采用切割工具将大面团切割成适合的小面团，在切割时要利落，避免来回拉扯损坏面团筋度；同时在面团分割时，面团中的酵母菌的产气活动依然是进行着的，所以分割要快，避免时间过长引起面团内部发生更多的膨胀，影响面团后期的造型。

二、预整形

关键词：标准、快

面团在经过分割之后，分割工具形成的切口对面团内部的面筋网络结构是有一定的伤害的，如果不对"伤口"进行及时"救治"，面团内部的面筋网络就不够牢固，在酵母菌产气时会产生不良后果。

一般在分割之后，面团都需要一个预整形的过程，预整形的形状基本上以圆形为主。圆形的面团将切口重新融合入面团中，面团表皮形成一个有秩序的

"皮膜"，内部组织也有一个新的秩序与方向，在后期中间醒发时能及时恢复合适的面团物理性质。为了后期整形的统一，预整形的形状要标准化，否则后期成品成形的统一就有一定的难度。

三、中间醒发

关键词：松弛

中间醒发发生在预整形之后、面包正式成形之前，其主要目的是松弛。

面团在经过分割与预整形之后，面团的内部组织处于一个较紧张的状态，不利于后期整形时面团的塑形。为了面团恢复柔软、便于延伸，所以面团需要"休息"一段时间，这是面团需要松弛的主要原因。

在松弛的过程中，酵母菌依然在进行繁殖活动，松弛时也能增大面团的体积，调整内部的组织。

四、面团成形与装饰

关键词：面团的合适的综合物理性质

在经过分割、预整形和中间醒发后，面团的物理性质，即弹性、延展性、韧性等需要达到一个合适的状态，才能更好地完成面团造型，尤其是特殊造型的面团，其物理综合性质需要松弛很长的时间才能达到标准，所以有时也会采取低温松弛一夜的方式来进行缓解。

面团成形的方式有很多种，常用的手法也多变，如滚、搓、捏、擀、拉、叠、卷、切、割等，有些面团制作采取多种方式与手法相互配合的方式进行。

第六节　烘　烤

面包的烘烤是面包制作的最后一个工序。

一、烘烤的三种传热方式

面团放入烤箱中，通过传导、对流和辐射三种传热方式，从"生"到"熟"，是面包制作的关键环节。

（一）传导

传导是指热量从温度高的地方往温度低的部位移送，达到热量平衡的一个物理过程。在面包制作中，热源通过烤箱传递给面团表面，再慢慢传至面团中心，是面包制作中最主要的受热方式。

直接热传导

（二）对流

对流是只针对液体与气体的热的传导现象，气体或者液体分子通过受热产生膨胀与移动，进行热的传导。自然条件下的对流存在于每种烤箱中，但是风炉中有着强制对流的装置，这种炉子会帮助能量较高的气体或者液体分子往能量低的部位快速转移与传递，使产品快速熟化。一般情况下，使用风炉烘烤的产品要比平炉时间短一些或者温度低一些。

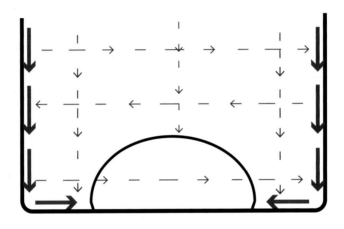

传导下的对流

（三）辐射

辐射是指物体以电磁波方式向外传递能量的物理过程，远红外线烤箱就是利用电磁波的方式进行热辐射。

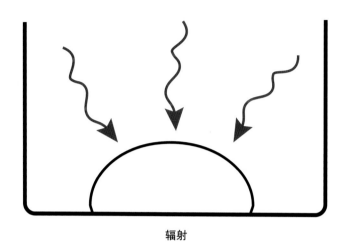

辐射

　　三种方式在面包烘烤中都存在。因为每种物体都可以进行热辐射，只是辐射的能量大小不同而已；即便没有强制吹风装置，烤箱内部也存在自然对流，会产生对流传热；只要存在温度差，传导就能进行，不过在固体中，热传导是最直接的，在液体和气体中，传导就会与对流同时产生。

　　在一般情况下，传导是面团最主要的受热方式；对流能加快面包的熟制时间；辐射（除远红外线等以辐射为主要加热方式的烤箱外）对面团制作起辅助作用。

二、面包外部的变化

（一）面包外形

　　面包的外部定型与面包的烘烤方式有着直接的关系，如直接烘烤（落地烤）、烤盘烘烤、模具烘烤。面团的承载工具直接影响面团的膨胀方向，进而影响面团的进一步定型。

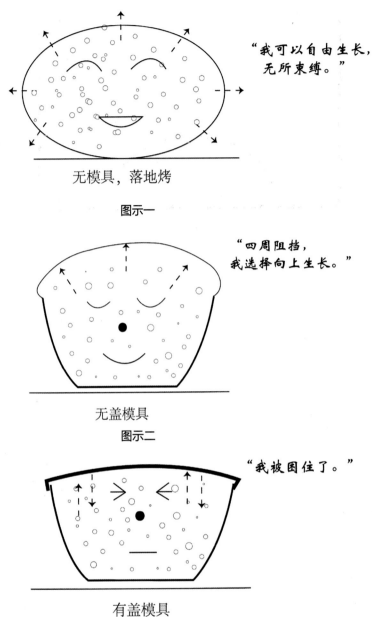

"我可以自由生长，
无所束缚。"

无模具，落地烤

图示一

"四周阻挡，
我选择向上生长。"

无盖模具

图示二

"我被困住了。"

有盖模具

图示三

　　图示一为无模具面团的烘烤；图示二为无盖模具的面团烘烤；图示三为有盖模具的面团烘烤。

在这个过程中，需注意面包膨胀的主要原因，关注面包膨胀的主要时机。

（1）面团在之前工序制作中积累的气体。面团在发酵阶段存储的气体已经把面团的体积"撑"到一定的地步了。

（2）面团在入炉后，内部温度未达到酵母菌灭活温度前的大量产气。在进入烤箱之后，面团温度慢慢上升，达到40℃左右时，酵母菌产气能力达到最强，面团继续膨胀；达到40℃~60℃时，面团的产气能力逐渐下降；过了60℃之后，酵母菌开始死亡、停止产气。

（3）面团内部的水蒸气受热膨胀。在面团中的温度慢慢增大的过程中，内部的水分开始受热蒸发，一般在80℃的时候，水蒸气的蒸发进入最活跃期，之后，面团内部的多余水分由于量变少，水分蒸发就变得缓慢。

所以在酵母菌死亡之前，面团中之前工序积累的气体与入炉后急速产出的气体、面团内部产生的水蒸气等多种因素共同影响了面团的膨胀体积。

一般在入炉之后的5分钟左右，面团的进一步膨胀是能够明显看到的，面团的体积达到最大值。之后，面团体积逐步定型。

在面包面团逐步定型的过程中，需关注并控制上火和下火温度，如果上火温度过高，会造成面包表面表皮过早定型，限制面包的进一步膨胀，易造成面包的表皮开裂、面包体积小等后果。

（二）面包的表皮

1. 面包表皮的形成

除多层面包外，一个完整的无层面团整体的材料组成均匀，在入炉后，烤箱内部的温度由外及里地在面团整体中传导，表层的水分通过蒸发逐渐消失，直至完全失去。在最外层无水时，"表皮"会继续向内部区域"占领"，直至烘烤完成，形成肉眼可见的表皮。

对于多层面包来说，如丹麦面包，虽然面团外表也会有一层表皮，但是由于内部层数较多，内部水分也会沿着每层的边沿处向外迅速蒸发，所以多层类产品的失水量较普通类面团要大，表皮层也不明显。

2. 面包表皮的色泽产生

随着烘烤的进行，面包表皮的颜色会呈现从原始面团色慢慢转变成黄色、金色、褐色、深褐色甚至出现黑色的一个过程，这种变化主要来自非酶褐变反应。

非酶褐变是指在不需要酶的作用而产生的褐变，主要有焦糖化反应和美拉德反应两类。焦糖化是在食品加工过程中，在高温的条件下促使含糖产品产生的褐变，反应条件是高温、高糖浓度；美拉德反应，又称羰氨反应，是指含有氨基的化合物（氨基酸或者蛋白质）与含有羰基的化合物（还原糖类）之间产生褐变的化学反应。

在初期阶段中，面团所承受的温度不是很高，糖类所发生焦糖化反应不是很明显。面包的表皮颜色主要与美拉德反应有关。美拉德反应物质来自"氨基化合物+还原糖"，根据氨基化合物种类与还原糖的种类的不同，褐变反应形成的外观表现也不同。比如说在面包制作中常会在表皮刷层蛋液，这是因为鸡蛋中的蛋白质与葡萄糖或者转化糖相结合时，产生的色彩变化美观且有光泽，如果只是面团内的面筋蛋白与转化糖相结合，褐变的颜色就没有前者好看。

非酶褐变的另一大类是焦糖化反应，其发生条件需要很高的温度。从160℃开始，面团表面的还原性糖类就开始产生焦糖化，颜色开始由白变黄，170℃开始完全变黄，在170℃~180℃时，开始从黄变褐，其中的甜味越来越淡，苦味越来越重。

（三）面包的内部变化

1. 烘烤中的淀粉糊化

淀粉在常温下是不溶于水的，在烘烤加热至55℃~65℃时，淀粉粒开始大量地吸水膨润，淀粉的物理性质发生明显的变化，在继续高温膨润后，淀粉粒子会发生分裂，形成糊状溶液，这个过程被称为淀粉的糊化。糊化的淀粉颗粒分散，增大面团的内部的黏性。

淀粉在处于糊化状态时，是呈分散性质的糊化溶液，这个状态下的面团内部黏性非常大，在温度继续增加的情况下，糊化状态下的水分开始被蒸发，分散的淀粉粒子逐渐失去水分，淀粉能够在面团中固定在某一位置上，稳定面包内部的组织结构，帮助并促使面包内部成形。所以淀粉的糊化是面包内部结构形成的重要起点之一。

2. 烘焙中的面筋凝固与蛋白质变性

随着面团内部的淀粉糊化，在60℃左右时，蛋白质会产生变性，发生凝固现象；超过80℃左右时，面团内部的蛋白质与蛋白质合成的面筋网络结构就完全凝固，帮助面团内部组织形成与稳定。

第六章
面包成品展示

第一节　常见法式面包造型

　　法式造型面团是传统法式面包的一类，其与法棒类产品有类似的配方和搅拌方式，主要制作材料是小麦粉、盐、含酵母类产品与水。不同的是，法式造型面团为了后期外观的定型，其面团的质地与法棒类面团有所区别。

　　法棒类面团的含水量一般在70%~75%，这个量可以帮助面团内部组织产生更好的气孔。而法式造型面团的含水量比法棒类面包要稍低一点，这样利于产品后期的造型设计与面包成形，内部组织也较绵密。

　　造型面包的表层花纹多是辅助拼接和模具。拼接需要辅助刷油或刷水来连接，刷油便于烘烤后两部分之间的分离，产生层次。刷水便于两部分之间的连接，后期烘烤分层不明显。

　　造型的模具除了来自专业厂家外，也可以自己根据需求用硬纸板来制作。

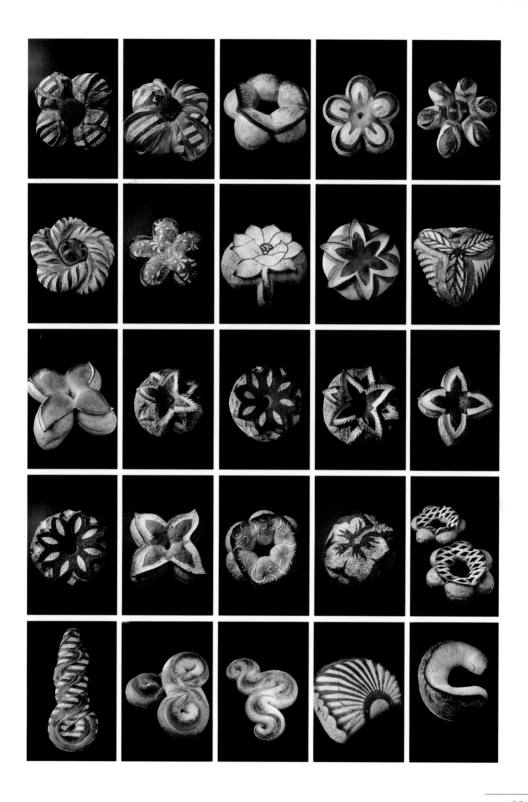

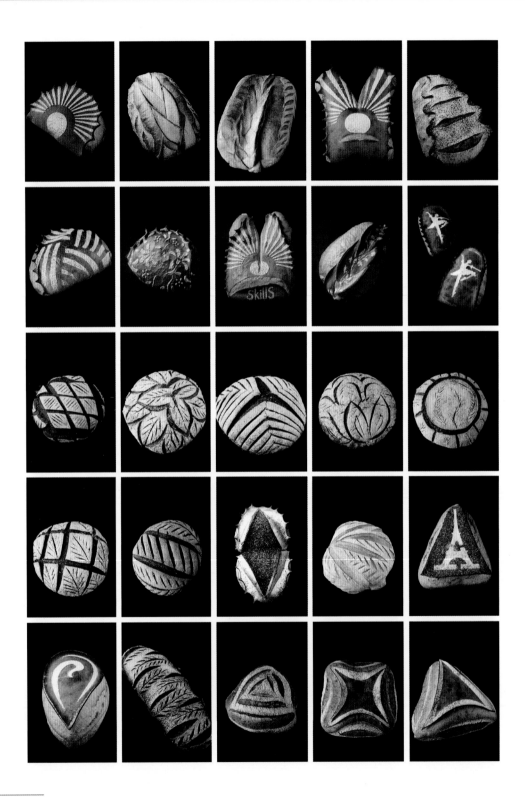

   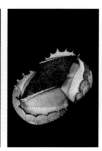 

第二节　常见花式法棒

　　法棒又称法国长棍面包，是最传统的法式面包之一，是干硬面包系列的代表产品，通常只使用小麦粉、水、盐和酵母四种原料来制作。其特点是外皮酥脆、内部松软。

　　法棒是棒状的法式面包，一般根据其重量和长度来看，会有不同的制作方法和名字。割口中常见的有3条、5条和麦穗状，长度在40~68厘米之间，中间粗两端略尖。

　　法棒与花式法棒都属于干硬面包系列，与软质面包相比，面团的延展性要差一点，通过表面的切痕，在一定程度上可以使面团更好地往外延伸。此外，面团内部堆积的气体经过划痕处散发出来，使面团在烘烤过程中膨胀均匀。在烘烤后，面包的表皮与内部颜色清晰地展现在人们眼前，不但能提高观赏度，也能引发食欲。

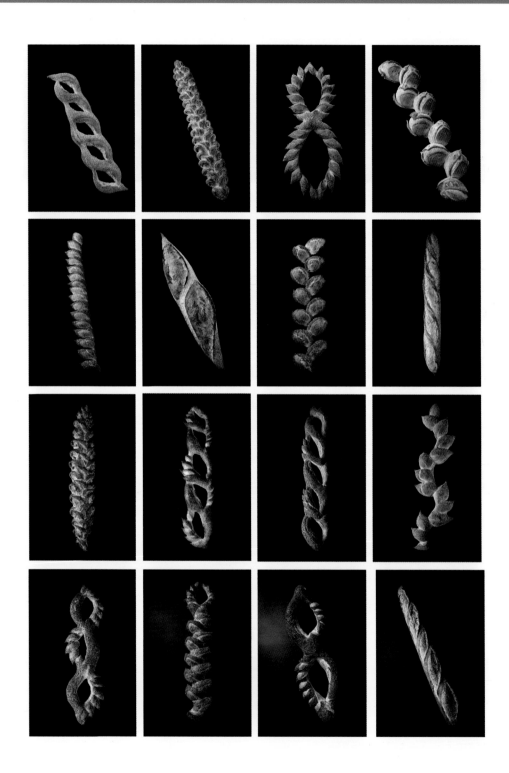

第三节　艺术造型面包

　　艺术面包的制作十分考验一个面包师的综合技术能力，是一个有一定难度的技术。

　　首先艺术面包需要面包师有一定的构思能力，会根据主题设计作品图。在有设计图纸的基础上，要选择或者重新设计对应的模具，最后才能慢慢落实到实践制作中来。

　　在实践中，艺术面包的面团制作是重点，是选择发酵面团还是无发酵功能的面团，这个要根据设计图稿来反复确定。在组合阶段，一般选择融化的艾素糖来作为粘接材料，但是选择在哪里"下笔"不影响整体的观感，与设计和实验有直接关系。

　　艺术面包不但在前期设计和中期实践中考验面包师，在面包制作完成后，也需根据实际呈现效果来进行赏析和评测，提供改良的可能性以便做出更加合理优秀的作品。

　　这也是制作人对工艺技术不懈追求的重要体现。

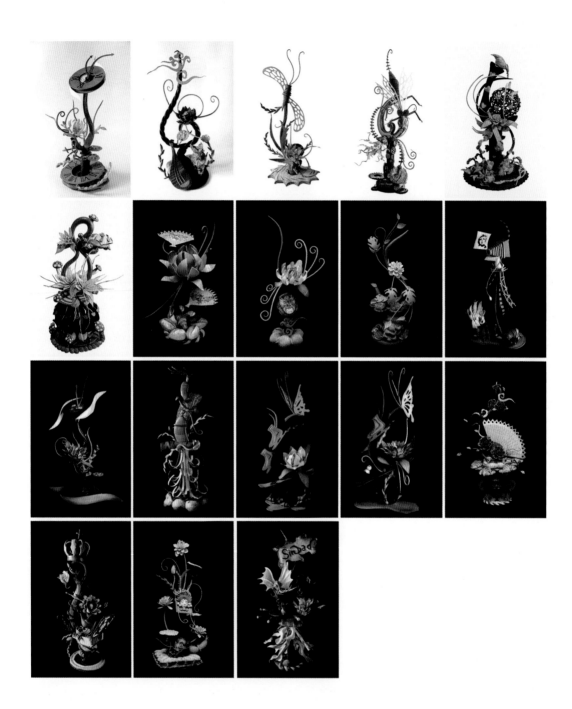

第七章
世界技能大赛实操

第一节　辫子技术

一、辫子技术简介

本部分讲述辫子面包，涉及多种类型的辫子编制，包含单股辫与多股辫、高辫与平辫以及温斯顿结。

辫子面包的历史由来已久。相传在古希腊时期，罗马地区就有做辫子面包的习俗。辫子面包在各个宗教中也有很多种寓意，比如说犹太人会在安息日（圣日）当天吃 Challah，即白面包，并会用 Challah 做出不同的股辫来表达敬意，常见的有三股辫，其分别象征真理、和平和美好。

辫子编制看似烦琐复杂，其实过程中多数都是动作的重复，多次练习记住编制顺序，即可得心应手。

因含发酵程序，所以酵母产气的影响对辫子面包的成形有一定的影响，面团不宜发酵过长时间，避免面团产生过多的气泡，不然经过烘烤后产生鼓泡，影响外部美观。面团也不宜发酵得过大，体积膨胀过大，后期烘烤易引起产品坍塌。

　　辫子面团在进行股辫相交时，不宜缠绕过紧，不然在后期烘烤时，面团向外膨胀容易造成炸裂现象。在编制股辫时，要力度一致，松紧一致，避免成品密度不一，烘烤时受热不均匀。同时，在一般情况下，股辫的股数越多，烘烤的温度越要降低，烘烤用的时间也就越长。

二、股辫面团的搅拌

原料：

T55 面粉 1000 克，盐 20 克，糖 200 克，鲜酵母 40 克，天然酵母 200 克，牛奶 400 克，蛋黄 200 克，黄油 350 克

制作过程：

1. 将除黄油外的干性材料和湿性材料一起搅拌均匀。

2. 继续搅打至面团基本扩展阶段，面团表面呈现光滑的状态。

3. 分次加入黄油，慢速搅拌，至黄油完全融于面团。

4. 继续搅打至完全扩展，面团能拉出薄膜即可。

5. 取出面团，此时面团温度在 22℃ ~28℃，在室温（20℃ ~24℃）下基础醒发 40 分钟。

6. 取出面团，将面团分割为所需的克数。

7. 以手掌内侧往中间收力，将面团滚圆。待用。

三、 股辫整形阶段的准备

　　面团在经过和面、基础发酵、分割与预整形、中间醒发后，进行最后的整形阶段。在编制之前，需经过一些准备过程。

（一）按

取松弛好的面团放于桌面上，手掌张开，用掌心部位将面团按压呈扁平状。

（二）擀

用擀面杖将面团擀成面皮状。

（三）卷

将面皮一端拉开，与桌面平行。从另一端往底端卷去，至完成。

（四）搓

双手张开放在条状面团中心处，上下滚动面团，并往两边均匀用力、延伸，使条状面团均匀变长，至所需长度。

四、股辫制作

（一）一股辫

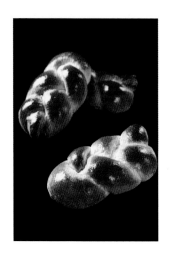

原料：

60 克面团 ×1

制作过程：

1. 将面团搓长，长度在 40 厘米左右。

2. 将面团横放，大致将其分成三段，轻按压出节点。

3. 将面团一端弯折，端口按压在 1/3 节点上，形成一个圆环。

4. 将面团另一端穿过圆环，放在一旁。

5. 将圆结反扭，并使下端再形成一个小圆环。

6. 将放置一旁的一端绕过小圆环，并将端头按压在圆环上。

7. 放入醒发箱，以温度 28℃、湿度 80%，发酵 60 分钟。取出，在表面刷上全蛋液，以上火 200℃、下火 190℃，入炉烘烤 10~12 分钟，并根据上色情况转盘烘烤，出炉震盘即可。

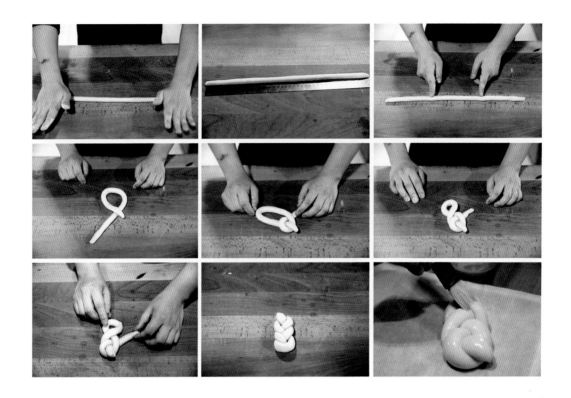

（二）两股平辫

原料：

45 克面团 ×2

制作过程：

1. 将每个面团搓长，长度在 40 厘米左右。

2. 取两条呈"十"字形交叉摆放，相交垂直。

3. 取左上角一端围绕交叉点向右下方弯折，从左侧起标记每段面团所在位置依次为 1 ~ 4 号位。

4. 将现 4 号位面团与 3 号位面团相交（3 号位面团在上方），前者落 2 号位，后者落 4 号位。

5. 将现 1 号位面团相交在 2 号位面团上，落在 2 号位上。

6. 重复"步骤 4"~"步骤 5"，直至将面团编制完成，捏紧尾端。

7. 放入醒发箱，以温度 28℃、湿度 80%，发酵 60 分钟。取出，在表面刷上全蛋液，以上火 200℃、下火 190℃，入炉烘烤 10~12 分钟，并根据上色情况转盘烘烤，出炉震盘即可。

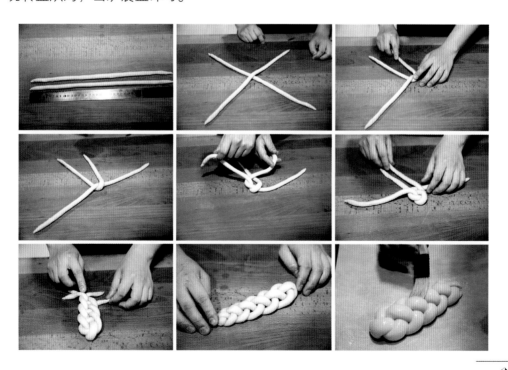

（三）三股辫

原料：

45 克面团 ×3

制作过程：

1. 将其搓长，长度在 38 厘米左右。

2. 取三条面团，将一端相交于一点，另一端散开。左起将面团所在位置标记依次为 1 ~ 3 号位。

3. 将现 3 号位面团与 2 号位面团交换位置（前者在交叉上方）。

4. 将现 1 号位面团与 2 号位面团交换位置（前者在交叉上方）。

5. 重复"步骤 3"~"步骤 4"，将面团编制完成。

6. 放入醒发箱，以温度 28℃、湿度 80%，发酵 60 分钟。取出，在表面刷上全蛋液，以上火 200℃、下火 190℃，入炉烘烤 10~12 分钟，并根据上色情况转盘烘烤，出炉震盘即可。

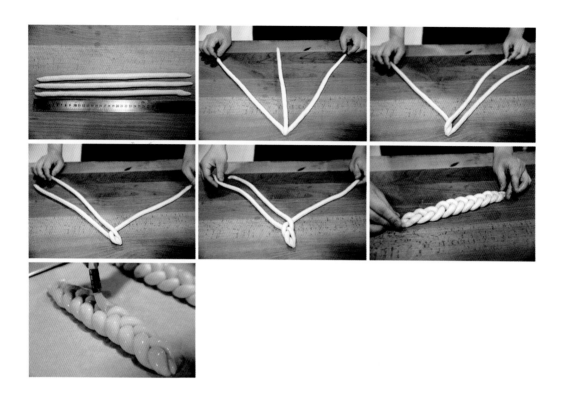

（四）四股高辫

原料：

45 克面团 ×4

制作过程：

1. 将其搓长，长度在 38 厘米左右。

2. 取四条面团，将一端相交于一点，另一端散开。左起将面团所在位置标记依次为 1 ~ 4 号位。

3. 将现 4 号位面团提起放置在 2 号位置。

4. 将现 1 号位面团提起放置在 3 号位置。

5. 将现 2 号位面团与 3 号位面团相交一次互换位置。

6. 重复"步骤 4"~"步骤 5"，将面团编制完成。

7. 放入醒发箱，以温度 28℃、湿度 80%，发酵 60 分钟。取出，在表面刷上全蛋液，以上火 190℃、下火 180℃，入炉烘烤 13~15 分钟，并根据上色情况转盘烘烤，出炉震盘即可。

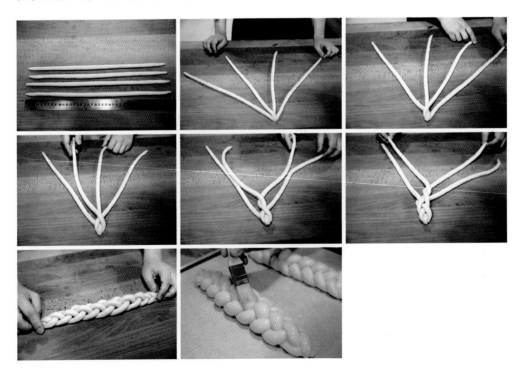

（五）四股平辫

原料：

45 克面团 ×4

制作过程：

1. 将其搓长，长度在 38 厘米左右。

2. 取四条面团，将一端相交于一点，另一端散开。左起将面团所在位置标记依次为 1 ~ 4 号位。

3. 将现 4 号位面团提起放置在 3 号位置上。

4. 将现 1 号位面团提起，穿过现 2 号位面团的下方，放在 3 号位置上。

5. 重复"步骤 3" ~ "步骤 4"，将面团编制完成。

6. 放入醒发箱，以温度 28℃、湿度 80%，发酵 60 分钟。取出，在表面刷上全蛋液，以上火 190℃、下火 180℃，入炉烘烤 13~15 分钟，并根据上色情况转盘烘烤，出炉震盘即可。

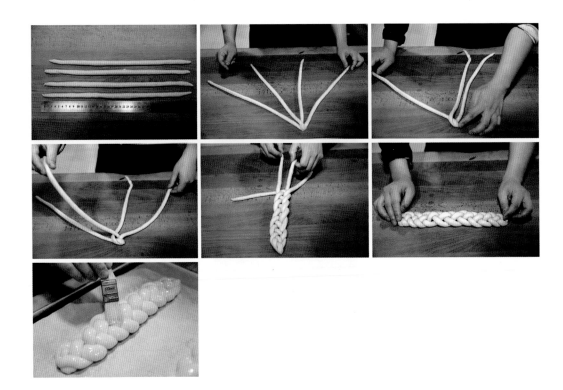

（六）五股辫

原料：

45 克面团 ×5

制作过程：

1. 将其搓长，长度在 38 厘米左右。

2. 取五条面团，将一端相交于一点，另一端散开。左起将面团所在位置标记依次为 1 ~ 5 号位。

3. 将现 5 号位面团提起放置在 2 号位置上。

4. 将现 1 号位面团提起放置在 3 号位置上。

5. 将现 2 号位面团与 3 号位面团相交一次互换位置。

6. 重复"步骤 4" ~ "步骤 5"，直至将面团编制完成至收尾阶段。

7. 放入醒发箱，以温度 28℃、湿度 80%，发酵 60 分钟。取出，在表面刷上全蛋液，以上火 190℃、下火 180℃，入炉烘烤 15~17 分钟，并根据上色情况转盘烘烤，出炉震盘即可。

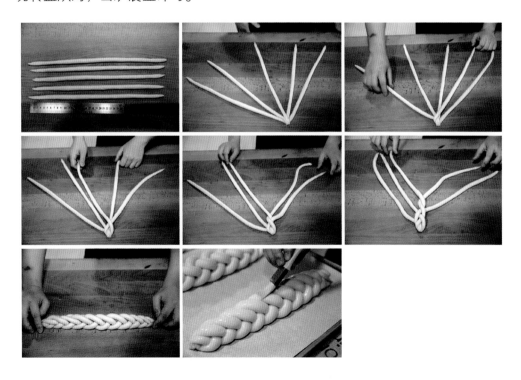

（七）六股辫

原料：

45 克面团 ×6

制作过程：

1. 将面团擀开，并卷起呈条形，盖上保鲜膜放入冰箱冷藏松弛 10 分钟。

2. 将其搓长，长度在 38 厘米左右。

3. 取六条面团，将一端相交于一点，另一端散开。左起将面团所在位置标记依次为 1 ~ 6 号位。

4. 将现 1 号位面团与 6 号位面团相交一次，互换位置。

5. 将现 1 号位面团提起放置在 3 号位置上。

6. 将现 5 号位面团提起放置在 1 号位置上。

7. 将现 6 号位面团提起放置在 4 号位置上。

8. 将现 2 号位面团提起放置在 6 号位置上。

9. 重复"步骤 5"～"步骤 8"，将面团编制完成。

10. 放入醒发箱，以温度 28℃、湿度 80%，发酵 60 分钟。取出，在表面刷上全蛋液，以上火 190℃、下火 180℃，入炉烘烤 15~18 分钟，并根据上色情况转盘烘烤，出炉震盘即可。

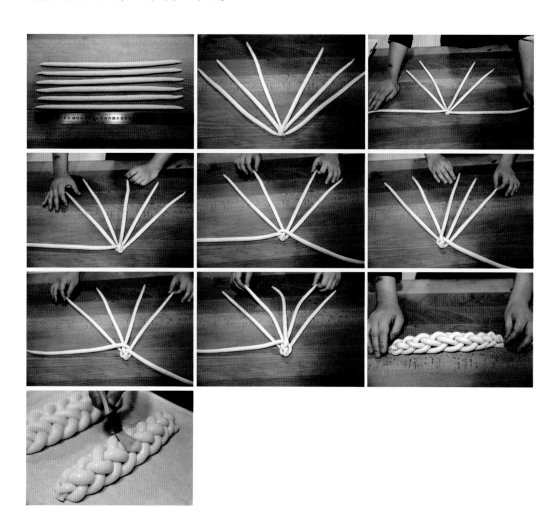

（八）七股辫

原料：

50 克面团 ×7

制作过程：

1. 将其搓长，长度在 38 厘米左右。

2. 取七条面团，将一端相交于一点，另一端散开。左起将面团所在位置标记依次为 1 ～ 7 号位；将现 7 号位面团提起放置在 6 号位置上；再将现 4 号位和 5 号位面团同时提起放置在 5 号位和 6 号位上；再将现 3 号位和 4 号位面团同时提起放置在 2 号位和 3 号位上；之后重复以上步骤，将面团编制完成。

3. 编织好后用擀面杖将两端压平，收在底部，醒发至 1.5 倍大。

4. 表面刷一层蛋液，以上下火各 170℃烘烤 20 分钟即可。

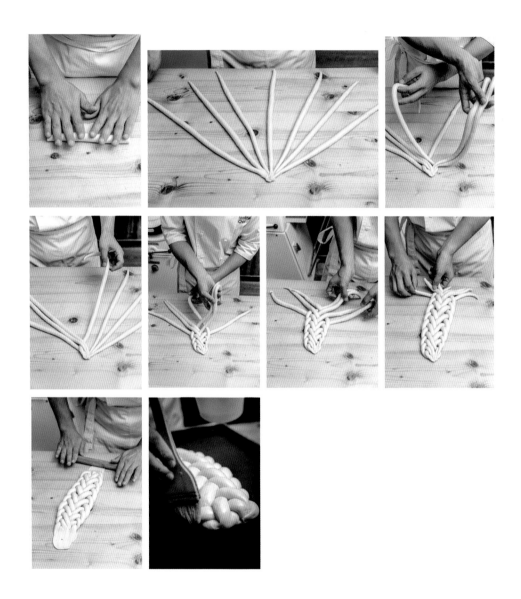

注意事项：

1. 打面温度和延展度都是制作辫子面包面团的重要环节。

2. 编辫子的手法一定要熟练，切忌编乱。

3. 在擀面团的过程中，松弛要到位，不然容易搓断面筋。

4. 烘烤大面团时，烤箱温度要降低，长时间烘烤，才容易烤熟。

（九）八股辫

原料：

45 克面团 ×8

制作过程：

1. 将其搓长，长度在 38 厘米左右。

2. 取八条面团，将一端相交于一点，另一端散开。左起将面团所在位置标
记依次为 1～8 号位。

3. 将现 1 号位面团和现 8 号位面团同时提起，互换位置。

4. 将现 1 号位面团提起放置在 4 号位置上。

5. 将现 7 号位面团提起放置在 1 号位置上。

6. 将现 8 号位面团提起放置在 5 号位置上。

7. 将现 2 号位面团提起放置在 8 号位置上。

8. 重复"步骤 4"～"步骤 7"，将面团编制完成。

9. 放入醒发箱，以温度 28℃、湿度 80%，发酵 60 分钟。取出，在表面刷
上全蛋液，以上火 180℃、下火 170℃，入炉烘烤 18~20 分钟，并根据上色情
况转盘烘烤，出炉震盘即可。

（十）九股辫

原料：

45 克面团 ×9

制作过程：

1. 将其搓长，长度在 38 厘米左右。

2. 取 9 条面团，将一端相交于一点，另一端散开。左起将面团所在位置标记依次为 1 ~ 9 号位。

3. 将现 5 号位、6 号位及 7 号位面团看作一体，同时提起，与 9 号位面团相交一次，前者落在 6 ~ 8 号位，后者落在 5 号位。

4. 将现 3 号位、4 号位及 5 号位面团看作一体，同时提起，与 1 号位面团相交一次，前者落在 2 ~ 4 号位，后者落在 5 号位。

5. 重复"步骤 3"~"步骤 4"，将面团进行编制完成。

6. 放入醒发箱，以温度 28℃、湿度 80%，发酵 60 分钟。取出，在表面刷上全蛋液，以上火 180℃、下火 170℃，入炉烘烤 18~20 分钟，并根据上色情况转盘烘烤，出炉震盘即可。

（十一）温斯顿结

原料：

45 克面团 ×6

制作过程：

1. 将其搓长，长度在 60 厘米左右。

2. 取 6 条，每 3 根首尾相并为一组，再将两组呈"十"字形交叉摆放，相交垂直。

3. 将右上角一端围绕交叉点向左下方弯折，从左侧起标记每组面团所在位置依次为 1 ~ 4 号位。

4. 将现 1 号位面团与 2 号位面团相交一次（2 号位面团在上方），前者落在 3 号位上，后者落在 1 号位上。

5. 将现 4 号位面团搭在 3 号位面团上，交换位置。

6. 重复"步骤 4"~"步骤 5"，至将面团编制完成至收尾阶段，捏紧尾端。

7. 将尾端往顶端部位弯折卷起。

8. 将整体外观修整一下，使整体更圆。放入醒发箱，以温度 28℃、湿度

80%，发酵 60 分钟。

　　9. 表面刷上全蛋液，以上下火各 170℃，入炉烘烤 22~25 分钟，并根据上色情况转盘烘烤，出炉震盘即可。

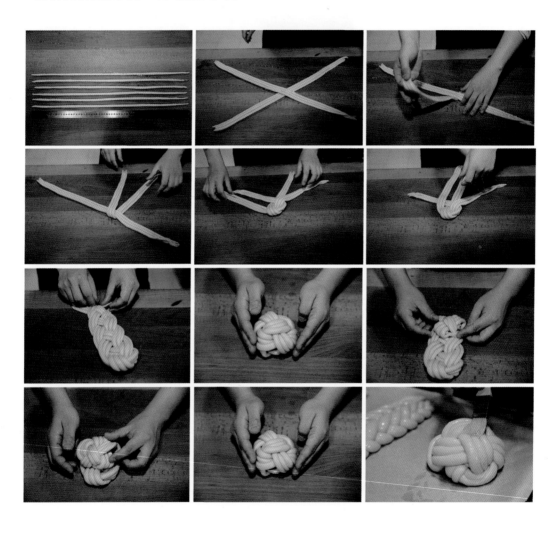

第二节　风味产品

一、风味咸派

2017年阿布扎比烘焙项目模块C：风味产品——蔡叶昭获奖作品

面团原料：

T65面粉1000克，盐18克，糖163克，鲜酵母24克，牛奶100克，全蛋500克，水66克，黄油500克

辅料：

洋葱少许，白蘑菇2个，大蒜少许，菠菜少许，火腿肉50克，百里香少许，马苏里拉芝士碎少许

派液原料：

蛋液50克，淡奶油100克

制作过程：

1. 面团原料除黄油外，将其他干性材料和湿性材料搅拌均匀。

2. 慢速搅拌至面团基本扩展，表面光滑，有延展性，再分次加入黄油，搅拌至表面光滑。

3. 出面温度在22℃~24℃。

4. 擀平面团，厚度控制在0.5厘米左右，放入冰箱冷藏。

5. 取出，用模具压出圆形圆片，放入派盘中，去掉多余的边，打孔，备用。

6. 将准备好的辅料切碎。

7. 将黄油加热融化，加入大蒜、洋葱、百里香，爆炒火腿肉，备用。

8. 将菠菜洗净，然后将菠菜用开水微煮20秒，变软即可，捞出，沥出菠菜

的水分，放入派盘第一层。

9. 将切好的白蘑菇从外向里均匀摆一层，作为馅料的第二层。

10. 将准备好的火腿肉铺在第三层。

11. 盖上一层马苏里拉芝士碎。

12. 将蛋液和淡奶油混合搅拌，倒入派盘，入炉以上火190℃、下火180℃烘烤20分钟即可。

注意事项：

1. 派皮底部需要扎孔，否则烘烤过程中底部容易凸起。

2. 摆放蔬菜的时候，要注意均匀、平整，避免烘烤和口感不均。

3. 蔬菜一定要注意清洗干净。

二、佛卡夏面包

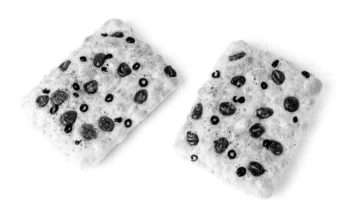

2017年阿布扎比烘焙项目模块C：风味产品——蔡叶昭获奖作品

面团原料：

T65面粉1000克，盐15克，鲜酵母20克，天然酵种200克，水650克，分次加水250克

辅料：

香料、盐、橄榄油、橄榄果、番茄各适量

制作过程：

1. 除分次加水外，将干性材料和湿性材料全部混合搅拌。

2. 搅拌至面团表面光滑有延展性，慢速分次加水，使之完全与面团融合。

3. 出面温度控制在22℃~24℃，在室温下基础醒发45分钟，翻面后再醒发45分钟。

4. 取出，将面团分割成每个400克，放入烤盘中稍稍摊平，并用手指戳洞，放入温度30℃、湿度80%的醒发箱中醒发至1.5倍大。

5. 将番茄洗干净，对半切。

6. 用少许盐和橄榄油浸泡10分钟至入味，以上下火各150℃烘烤10分钟即可。

7. 在醒发好的面团表面刷油，打孔，把烘烤的番茄和橄榄果放在表面，撒上一点香料，以上火190℃、下火230℃烘烤18分钟左右，出炉刷上橄榄油。

注意事项：

1. 像这种水含量多的面团，分次加水的过程要少量多次，面团才好吸收。

2. 水含量多的面团容易出现塌陷，烘烤过程中要注意。

第三节　千层面团（发酵）

一、丹麦牛角包

2017年阿布扎比烘焙项目模块H：千层面包（发酵）——蔡叶昭获奖作品

面团原料：

T45面粉 1000克，盐20克，糖130克，鲜酵母40克，天然酵母200克，牛奶100克，全蛋100克，水300克，黄油80克，片状黄油250克

制作过程：

1. 将面团原料中除片状黄油外的干性材料和湿性材料搅拌均匀。

2. 慢速打至面团基本扩展、表面光滑的状态，有延展性，出面温度在22℃~24℃。

3. 将面团分割成每个800克。

4. 整形成小圆柱的形状，在室温（20℃~24℃）下基础醒发25分钟左右。

5. 将面团擀平，排气，放入冰箱冷藏松弛片刻。

6. 将片状黄油擀压成方形，以便起酥。

7. 把冷藏好的面团取出，片油大小是面团的二分之一，放在面皮中间，两边包紧。面和油需要压一下，使之更贴合。

8. 把面团放在开酥机上进行开酥，酥皮厚度不低于0.5厘米，以四折一次、三折一次进行开酥，折叠时可对折口划刀口，以便于开酥。

9. 冷藏松弛20分钟左右，进行开酥，宽度控制在28厘米左右，然后将丹麦皮裁成10厘米×28厘米的长方形，再对角裁成三角形，每个70克。

10. 将丹麦皮从底部的中间切开，再从窄边卷起向前推卷，弯成牛角形状。

11. 以温度30℃、湿度80%醒发至1.5倍大。

12. 在表面刷上蛋液，以上下火180℃烘烤15分钟左右。

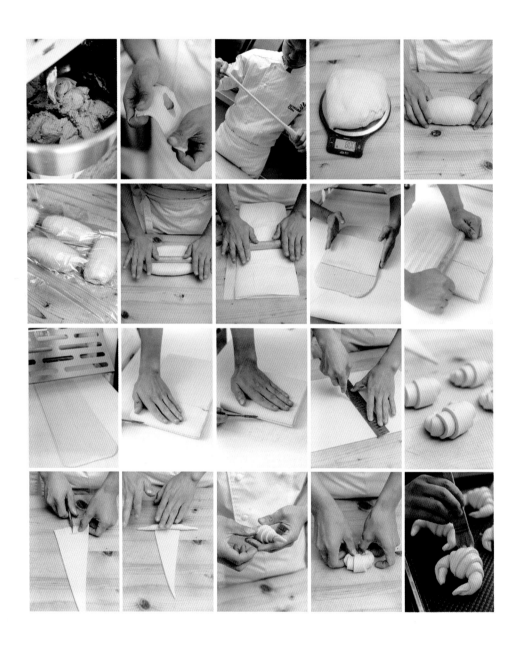

注意事项：

1. 起酥过程中手粉要少。

2. 起酥面团和油的软硬要掌握好。

3. 面皮不宜卷太紧。

二、风味馅料丹麦

2017年阿布扎比烘焙项目模块H：千层面包（发酵）——蔡叶昭获奖作品

面团原料：

T451000克，盐20克，糖130克，鲜酵母40克，天然酵母200克，牛奶100克，鸡蛋100克，水300克，黄油80克，片状黄油250克，红色开酥丹麦皮适量，黑色开酥丹麦皮适量

馅的原料：

黄油20克，大蒜少许，洋葱少许，风味酱料50克，肉制品500克

馅料制作过程：

把大蒜、洋葱、肉制品切碎；将黄油融化，加入大蒜和洋葱，爆炒，加入肉制品，炒匀，最后调味。

双色丹麦皮制作过程：

将一块红色开酥的丹麦皮和黑色开酥丹麦皮重叠2次，压平，裁去边角，备用。

制作过程：

1. 将面团原料中除片状黄油外的干性材料和湿性材料搅拌均匀。

2. 慢速打至面团基本扩展、表面光滑的状态，有延展性，出面温度在22℃~24℃。

3. 将面团分割成每个800克。

4. 整形成小圆柱的形状，在室温（20℃~24℃）下基础醒发25分钟左右。

5. 将面团擀平，排气，放入冰箱冷藏松弛片刻。

6. 将片状黄油擀压成方形，以便起酥。

7. 把冷藏好的面团取出，片油大小是面团的二分之一，放在面皮中间，两边包紧。面和油需要压一下，使之更贴合。

8. 把面团放在开酥机上进行开酥，酥皮厚度不低于0.5厘米，以四折一次、三折一次进行开酥，折叠时可对折口划刀口，以便于开酥。

9. 将丹麦面团延展开，裁成10厘米×10厘米大小的方形。

10. 在面团中心放上风味馅料，每个20克，拾起对角，将整体折成正方形。

11. 切4个大小相等的长条，叠成井形，盖在正方形上面。

12. 放入醒发箱中，以温度30℃、湿度80%醒发至原体积1.5倍大，在表面刷上蛋液，以上火190℃、下火180℃烘烤12分钟。

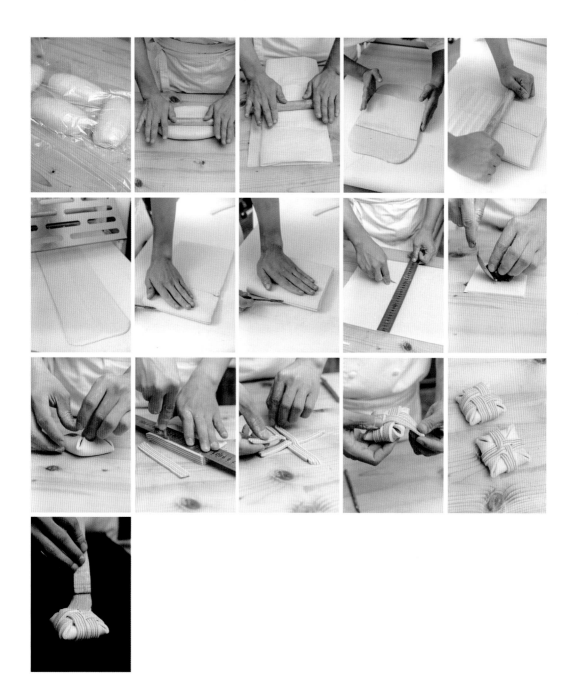

注意事项：

1. 在包馅料的过程中尽量使起酥面团达到完全松弛，不然整形时面包容易发生变形。

2. 在折叠彩带时，不宜太紧，否则在醒发过程中会发生变形。

三、红色丹麦

2017年阿布扎比烘焙项目模块H：千层面包（发酵）——蔡叶昭获奖作品

面团原料：

T45面粉1000克，盐20克，糖130克，鲜酵母40克，天然酵母200克，牛奶100克，全蛋100克，水300克，黄油80克，片状黄油250克

红曲粉面团原料：

面团200克，黄油10克，红曲粉15克，牛奶 10克

夹心原料：

乳酪100克，糖50克，巧克力20克，蔓越莓30克

红曲粉面团制作过程：

将黄油、红曲粉、牛奶和面团混合搅拌均匀并揉至表面光滑，冷藏备用。

夹心制作过程：

1. 将蔓越莓切碎。

2. 将乳酪和糖搅拌均匀，加入切好的蔓越莓和巧克力，装入裱花袋备用。

制作过程：

1. 将面团原料中除片状黄油外的干性材料和湿性材料搅拌均匀。

2. 慢速打至面团基本扩展、表面光滑的状态，有延展性，出面温度在22℃~24℃。

3. 将面团分割成每个800克。

4. 整形成小圆柱的形状，在室温下基础醒发25分钟左右。

5. 将面团擀平，排气，放入冰箱冷藏松弛片刻。

6. 将片状黄油擀压成方形，以便起酥。

7. 把冷藏好的面团取出，片油大小是面团的1/2，放在面皮中间，两边包紧。面和油需要压一下，使之更贴合。

8. 把面团放在开酥机上进行开酥，酥皮厚度不低于0.5厘米，以四折一次、三折一次进行开酥，折叠时可对折口划刀口，以便于开酥。

9. 将冷藏的红曲粉面团擀开，盖在开好酥的丹麦面团上，压平，开长。

10. 先裁成18厘米×8厘米的长方形，再用网轮刀在面团一半的位置裁开。

11. 将准备好的乳酪馅料均匀挤在底部，对折到前面的一半，弯成一个圆形花形。

12. 放入醒发箱中，以温度30℃、湿度80％醒发至原体积1.5倍大，在表面刷上蛋液，以上火190℃、下火180℃烘烤12分钟。

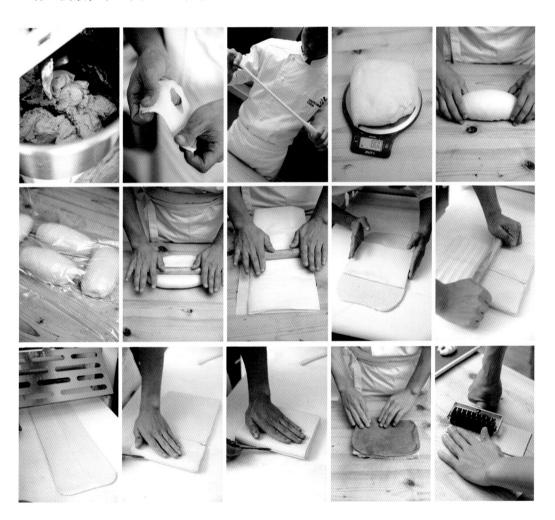

注意事项：

1. 用红曲粉给面团调色时不宜过多，否则会影响外观，口感也会变苦。

2. 在卷入馅料的过程中，收底很重要，馅料不要侧漏。

四、双色巧克力丹麦

2017年阿布扎比烘焙项目模块H：千层面包（发酵）——蔡叶昭获奖作品

面团原料：

T45面粉1000克，盐20克，糖130克，鲜酵母40克，天然酵母200克，牛奶100克，全蛋100克，水300克，黄油80克，片状黄油250克

夹心原料：

巧克力棒适量

巧克力面团原料：

原味面团200克，黄油10克，可可粉15克，牛奶10克

巧克力面团制作过程：

将黄油、可可粉、牛奶和面团，混合搅拌均匀，揉至表面光滑，冷藏备用。

制作过程：

1. 将面团原料中除片状黄油外的干性材料和湿性材料搅拌均匀。

2. 慢速打至面团基本扩展、表面光滑的状态，有延展性，出面温度在22℃~24℃。

3. 将面团分割成每个800克。

4. 整形成小圆柱的形状，在室温（20℃~24℃）下基础醒发25分钟左右。

5. 将面团擀平，排气，放入冰箱冷藏松弛片刻。

6. 将片状黄油擀压成方形，以便起酥。

7. 把冷藏好的面团取出，片油大小是面团的1/2，放在面皮中间，两边包紧。面和油需要压一下，使之更贴合。

8. 把面团放在开酥机上进行开酥，酥皮厚度不低于0.5厘米，以四折一次、三折一次进行开酥，折叠时可对折口划刀口，以便于开酥。

9. 将冷藏的巧克力面团擀开，盖在开好酥的丹麦面皮上，压平，开长。

10. 将面团裁成9厘米×14厘米的长方形，重量70~75克，再用网轮刀在面团一半的位置沿着长边裁至底边，在顶部放入两根巧克力棒，从上至下卷起来。

11. 放入醒发箱中，以温度30℃、湿度80%醒发至原体积1.5倍大，在表面刷上蛋液，以上火190℃、下火180℃烘烤15分钟。

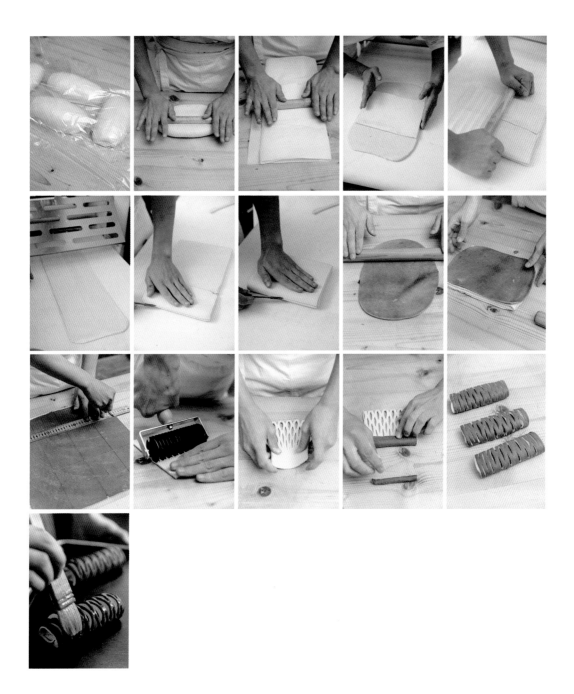

注意事项：

1. 起酥过程中，巧克力面皮和丹麦表皮需要喷水，这样才不易脱落。

2. 卷巧克力条时，拉网的地方要和头部对齐，不然卷出来的丹麦没有饱满度。

第四节　布里欧修

一、覆盆子黄油布里欧修

2017年阿布扎比烘焙项目模块F：布里欧修——蔡叶昭获奖作品

面团原料：

T55面粉1000克，盐20克，糖200克，鲜酵母40克，天然酵母200克，牛奶400克，鸡蛋200克，黄油350克

辅料：

覆盆子若干，黄油粒若干，细砂糖适量

制作过程：

1. 将面团材料除黄油外的干性材料和湿性材料一起搅拌均匀。

2. 继续搅打至面团基本扩展，表面呈光滑的状态。

3. 分次加入黄油，继续慢速搅拌，使黄油完全融于面团。

4. 搅打至完全扩展，面团能拉出薄膜即可。

5. 将面团温度控制在22℃~28℃，在室温（20℃~24℃）下基础醒发40分钟。

6. 将面团分割为50克一个。

7. 滚圆，以手掌内侧往中间收力，松弛15分钟。

8. 取出一块面团，擀成圆形。

9. 将擀好的面皮放入圆形模具里，置于醒发箱中，以温度30℃、湿度80%醒发至体原积1.5倍大。

10. 表面装饰细砂糖，按入黄油粒。

11. 再装饰上速冻好的覆盆子，以上下火各180℃烘烤12分钟，至表面呈现金黄色即可。

注意事项:

1. 擀制的圆形面团要均匀，烘烤出来的形状才会平整。

2. 塞入黄油和覆盆子后，面团会跑掉一部分醒发的气体，需再次醒发一会儿后进行烘烤。

3. 模具烘烤过程中不易排气，出炉后要轻轻震一下烤盘，排除底部空气。

二、无馅布里欧修

2017年阿布扎比烘焙项目模块F：布里欧修——蔡叶昭获奖作品

面团原料：

T55面粉1000克，盐20克，糖200克，鲜酵母40克，天然酵母200克，牛奶400克，鸡蛋200克，黄油350克

制作过程：

1. 将除黄油外的干性材料和湿性材料搅拌均匀。

2. 打至面团基本扩展，表面光滑。

3. 分次加入黄油，慢速搅拌至黄油完全融进面团。

4. 继续搅打至完全扩展、能拉出薄膜的状态。

5. 温度控制在22℃~28℃，在室温（20℃~24℃）下基础醒发40分钟。

6. 将面团分割成40克一个。

7. 搓圆，以手掌一侧往里进行滚圆，松弛醒发20分钟。

8. 整形成中间饱满、两头稍细的橄榄形。

9. 制作好橄榄形，置于醒发箱中醒发，以温度30℃、湿度80%醒发至原体积1.5倍大。

10. 在表面刷蛋液。

11. 用剪刀平行进行剪口，呈尖状。

12. 入炉，以上火180℃、下火230℃烘烤15分钟。

  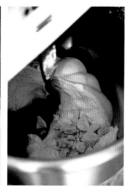 

注意事项:

在剪刀口的过程中，如果剪刀不易剪口，剪刀尖部可以蘸少许水。

三、五瓣花布里欧修

2017年阿布扎比烘焙项目模块F：布里欧修——蔡叶昭获奖作品

面团原料：

T55面粉1000克，盐20克，糖200克，鲜酵母40克，天然酵母200克，牛奶400克，鸡蛋200克，黄油350克

杧果百香果馅原料:

百香果果蓉150克,杧果果蓉100克,黄油100克,牛奶150克,糖100克,鸡蛋100克,蛋黄20克,速溶吉士粉50克

菠萝皮原料:

黄油50克,糖粉50克,鸡蛋20克,低筋面粉150克

紫薯菠萝皮原料:

黄油50克,糖粉50克,鸡蛋20克,低筋面粉120克,紫薯粉20克

馅料制作过程:

1. 将杞果果蓉、百香果果蓉、黄油加热融化。

2. 将牛奶和速溶吉士粉搅拌均匀至无颗粒。

3. 将蛋黄、鸡蛋和糖搅拌均匀。

4. 小火加热"步骤1",加入"步骤2"和"步骤3"。

5. 慢火将馅料煮稠,边煮边用刮刀搅拌。

6. 用裱花袋将馅料挤入模具中,冷藏备用。

菠萝皮制作过程：

1. 将黄油和糖粉搓拌至均匀的乳白色。

2. 分次加入鸡蛋，搅拌均匀。

3. 倒入低筋面粉，搅拌成团即可。

4. 擀平压薄，用圆模具压刻出面皮的形状。

紫薯菠萝皮制作过程：

1. 按照菠萝皮的制作过程做出紫薯菠萝皮（加入粉类的时候多加一份紫薯粉），用五瓣花模具压出形状。

2. 将五瓣花紫薯菠萝皮叠在圆形的菠萝皮上面。

制作过程:

1. 将面团原料中除黄油外的干性材料和湿性材料搅拌均匀。

2. 继续搅打至面团基本扩展，表面呈光滑的状态。

3. 分次加入黄油，慢速搅拌，使黄油完全融于面团。

4. 面团搅打至完全扩展、能拉出薄膜即可。

5. 将面团温度控制在22℃~28℃，在室温（20℃~24℃）下基础醒发40分钟。

6. 将面团分割为每个40克。

7. 滚圆，以手掌内侧往中间收力。

8. 包入冻好的杧果百香果馅料，底部收紧。

9. 在菊花模具表面喷脱模油。

10. 将菠萝皮均匀分布在每一个凹槽中，并均匀地将菠萝皮往模具底部推开。

11. 将包好馅料的面团放入模具中间。

12. 将制作好的五瓣花菠萝皮放在表面，醒发至1.5倍大小，以上火180℃、下火230℃烘烤15分钟。

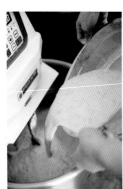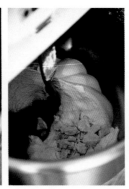

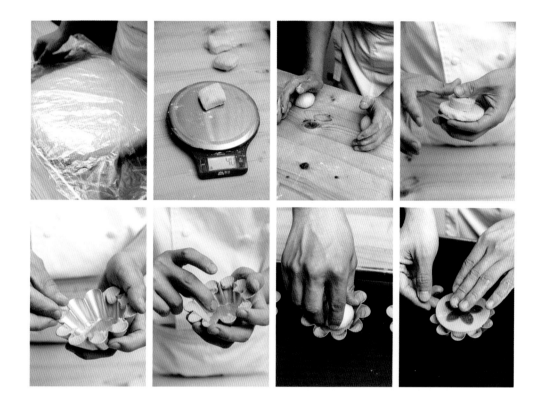

注意事项：

1. 杧果百香果的馅料在加速溶吉士粉过程中，容易出现煳底的情况，需用小火，慢速搅拌均匀。

2. 菠萝皮搓发后塑形容易断裂。

3. 在制作五瓣花布里欧修花边时注意空隙均匀。

四、榛子坚果布里欧修

2017年阿布扎比烘焙项目模块F：布里欧修——蔡叶昭获奖作品

面团原料：

T55面粉1000克，盐20克，糖200克，鲜酵母40克，天然酵母200克，牛奶400克，鸡蛋200克，黄油350克

杏仁酱原料：

杏仁粉100克，低筋面粉25克，糖粉100克，蛋清100克

覆盆子坚果馅原料：

蜂蜜100克，鸡蛋25克，玉米糖浆50克，覆盆子果酱100克，黄油50克，坚果和果干若干

辅料:

榛子粒若干，糖粉若干

杏仁酱制作过程:

1. 将低筋面粉、杏仁粉和糖粉过筛备用。

2. 将所有材料混合搅拌均匀即可。

覆盆子坚果馅料制作过程:

1. 将所有坚果和果干切碎。

2. 将蜂蜜、玉米糖浆、黄油加热熔化。

3. 加入切碎的坚果和果干，搅拌均匀，分次加入鸡蛋和覆盆子果酱，搅拌均匀。

制作过程：

1. 将面团原料中除黄油外的干性材料和湿性材料搅拌均匀。

2. 继续搅打至面团基本扩展，表面呈光滑的状态。

3. 分次加入黄油，慢速搅拌，使黄油完全融于面团。

4. 搅打至完全扩展、能拉出薄膜即可。

5. 将温度控制在22℃~28℃，在室温（20℃~24℃）下将面团醒发40分钟。

6. 将面团分割为40克一个。

7. 滚圆，以手掌内侧往中间收力，然后松弛15分钟。

8. 将面团擀开，包入覆盆子坚果馅料。

9. 底部收紧，不要出现露馅的情况，放入八角模具中，以温度30℃、湿度80%醒发至原体积1.5倍大。

10. 表面装饰杏仁酱料，并撒上烤熟的榛子粒。

11. 筛上糖粉，入烤箱，以上火180℃、下火220℃烘烤15分钟。

注意事项：

1. 含油量过多的面团，要分次加油，不要在未形成好网膜的情形下大量添加，容易导致面温变高，面团不易成团。

2. 收口时一定要收紧，否则面团醒发过程中很容易出现馅料侧漏的情况。

3. 表皮杏仁酱不宜太稠或者太稀，否则表面不易出现虎纹。

第五节　三明治

一、菲达奶酪大虾三明治

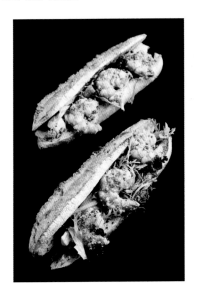

面团原料：

T65面粉800克，T85面粉（黑麦粉）200克，水650克，鲜酵母10克，食盐10克，固体酵种200克，棕色亚麻籽25克，粗颗粒玉米粉25克，浸泡水50克

馅的原料：

苦菊适量，苦苣适量，生菜适量，大虾（熟）适量，奶酪适量，芥末籽芥末调味酱适量，亨氏沙拉醋适量

预先准备：

1. 调节水温。

2. 将棕色亚麻籽和粗颗粒玉米粉放入浸泡水中备用。

馅料制作过程：

1. 在大虾中加入适量的芥末籽芥末调味酱，搅拌均匀。

2. 在蔬菜中加入适量的亨氏沙拉醋，搅拌均匀。

制作过程:

1. 将T65面粉、T85面粉(黑麦粉)、水倒入面缸中，慢速搅拌3~5分钟，搅拌至无干粉状态，加入食盐、鲜酵母、固体酵种，搅拌均匀，用中速或快速搅拌至面团能拉出薄膜。

2. 再加入浸泡好的棕色亚麻籽和粗颗粒玉米粉，慢速搅拌均匀，至面团光滑细腻，能拉出薄膜。

3. 取出面团，放入发酵箱，盖上保鲜膜，在室温（26℃）下基础发酵50分钟，翻面，发酵40分钟。将发酵好的面团取出分割，每个面团为160克。

4. 用手将面团拍平，折叠成椭圆形。

5. 将面团接口朝下，放在发酵帆布上，在室温下发酵30分钟。

6. 取出发酵好的面团，用手掌按压面团，使其排出多余的气体，将面团较为平整的一面朝下，从远离身体的一侧开始，折叠约1/3，用手掌的掌根将对接处按压紧实，再用双手将面团搓成约18厘米的橄榄形长条。

7. 在室温（26℃）下发酵50~60分钟。

8. 取出面团，表面筛上面粉，用割包刀在面团中心处划出一道刀口。

9. 以上火240℃、下火230℃，喷蒸汽5秒，烘烤18分钟，观察面包的色泽是否均匀。在出炉前3~5分钟打开风门（面包更加硬脆），出炉后将面包放置在网架上冷却，冷却后用锯刀切开，切记不要切断。

10. 在切好的面包中间抹一层芥末籽芥末调味酱。

11. 放入苦苣、苦菊、生菜、奶酪、大虾即可。

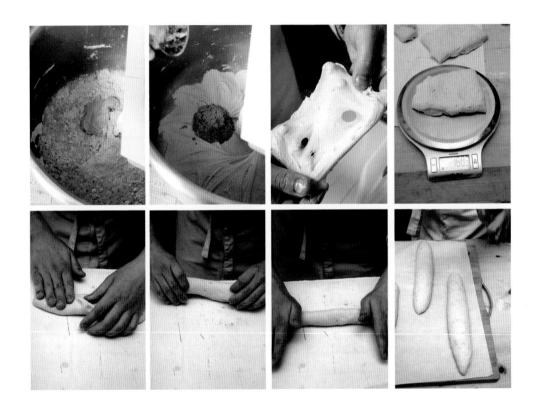

注意事项:

1.成形操作时，使用发酵布能帮助面团不粘桌面，有利于操作。

2.烘焙时使用落地烘烤（指直接将面包放置烤箱烘烤，不使用烤盘等承载工具）。

二、三明治面包

2017年阿布扎比烘焙项目模块I：三明治——蔡叶昭获奖作品

面团原料：

T65面粉1000克，盐15克，鲜酵母20克，天然酵种200克，水650克，分次加水（最后加）250克

辅料：

罗马生菜少许，春笋少许，火腿少许，脆萝卜少许，熟鸡蛋少许，芝士片，丘比沙拉酱少许，黑橄榄少许，普罗旺斯香料少许，橄榄油适量，盐适量

制作过程：

1. 将面团原料中的所有材料混合搅拌。

2. 慢速分次加入水，与面团融合，继续搅拌至表面光滑、有延展性。

3. 出面温度控制在22℃~24℃，在室温（20℃~24℃）下基础醒发45分钟，进行翻面，继续醒发45分钟。

4. 将面团分割成每60克一个，放入模具中，用手指在表面戳洞，置于醒发箱中，以温度30℃、湿度80%醒发至原体积1.5倍大，取出，在表面刷上橄榄油。

5. 放上黑橄榄，撒上少许普罗旺斯香料，以上火230℃、下火210℃烘烤15分钟即可。

6. 将春笋切成小段，加入橄榄油和少许盐，拌匀，以150℃炉火烘烤10分钟左右即可。

7. 将三明治面包切开，分别摆上罗马生菜、火腿、脆萝卜、熟鸡蛋、春笋、芝士片，挤上丘比沙拉酱，盖起来即可。

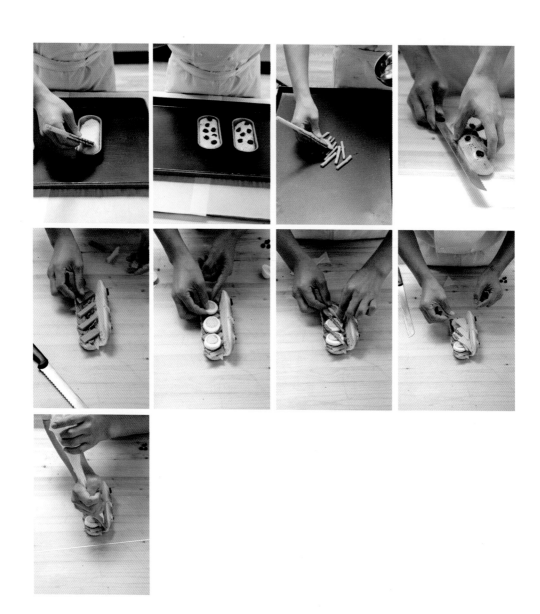

注意事项：

1. 三明治生食，注意操作卫生。

2. 注意食材的新鲜度。

三、墨鱼三文鱼三明治

面团原料：

T65面粉800克，T85面粉（黑麦粉）200克，水650克，鲜酵母10克，食盐10克，固体酵种200克，棕色亚麻籽25克，粗颗粒玉米粉 25克，浸泡水50克，墨鱼汁35克

馅的原料：

芝麻菜适量，奶酪适量，青苹果1个，亨氏沙拉醋适量，三文鱼片适量

制作过程：

1. 在芝麻菜中加入适量的亨氏沙拉醋，搅拌均匀。

2. 青苹果切片备用。

预先准备：

1. 调节水温。

2. 将棕色亚麻籽和粗颗粒玉米粉放入浸泡水中备用。

制作过程：

1. 将T65面粉、T85面粉(黑麦粉)、水倒入面缸中，慢速搅拌3~5分钟，搅拌至无干粉状态，加入食盐、鲜酵母、固体酵种，搅拌均匀，用中速或快速搅拌至面团能拉出薄膜状。

2. 再加入浸泡好的棕色亚麻籽和粗颗粒玉米粉、墨鱼汁，慢速搅拌均匀，至面团光滑细腻，能拉出薄膜。

3. 取出面团，放入发酵箱，盖上保鲜膜在室温下基础发酵50分钟，翻面，发酵40分钟。将发酵好的面团取出分割，每个面团为160克。

4. 用手将面团拍平，折叠成椭圆形。

5. 将面团接口朝下，放在发酵帆布上，在室温下发酵30分钟。

6. 取出发酵好的面团，用手掌按压面团，使其排出多余的气体，将面团较为平整的一面朝下，从远离身体的一侧开始，折叠约1/3，用手掌的掌根将对接处按压紧实，再用双手将面团搓成约18厘米的橄榄形长条。

7. 将面团表面用湿毛巾沾湿，并粘上白芝麻。

8. 在面团表面斜着划出刀口。在室温下发酵50~60分钟，待整形好的面团发酵至原体积2倍大。

9. 以上火240℃、下火230℃，喷蒸汽5秒，烘烤18分钟，观察面包的色泽是否均匀。在出炉前3~5分钟打开风门（面包更加硬脆），出炉后将面包放置在网架上冷却，冷却后用锯刀切开，切记不要切断。

10. 在切好的面包中间抹一层奶酪。

11. 放入芝麻菜、青苹果片、三文鱼片即可。

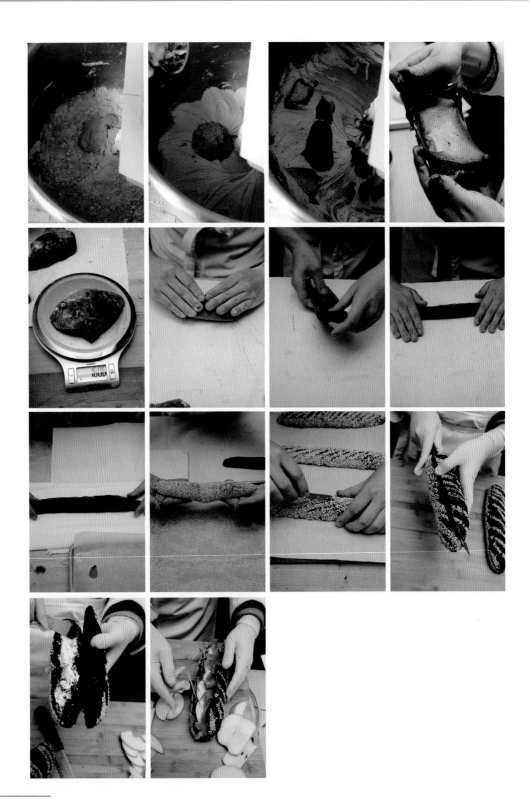

注意事顶:

1. 成形操作时,使用发酵布会帮助面团不粘桌面,有利于操作。

2. 烘焙时使用落地烘烤(指直接将面包放置烤箱烘烤,不使用烤盘等承载工具)。

第六节　黑麦面包

一、黑麦面包简介

黑麦面包是起源于德国的一款传统面包，可变换多种样式，属于"重量级"面包，历史上曾出现过单个30千克的黑麦面包。黑麦面包量大，并具有丰富的营养物质，起初是在饥荒年代，由政府派发给穷人的过渡食品。

黑麦面包的标志性食材是黑麦粉。黑麦粉是由黑小麦研磨制成的，营养成分极高，主要成分有蛋白质、淀粉、矿物质、戊聚糖等。

黑麦粉中缺乏麦谷蛋白质，所以无法形成强韧的面筋网络。如果只用黑麦粉来制作面包的话，面团是不易包裹住气体的，只具有黏性而没有弹性，不能制作造型面包。

此外黑麦面粉中的戊聚糖很高，戊聚糖对于面团的成形和烘烤有一定的影响，吸水性较好，能帮助增大面包的含水性，增长面包的保质期。

黑麦面团含水量较高，整体较黏，一般要使用藤碗来完成发酵，帮助成品定型。可选择的藤碗类型比较多，最好选择带布藤碗，这样不但可以帮助产品保湿，也可以防止面团粘在藤碗上。

同时，也需要注意黑麦面团的表面保湿，否则表面易产生干皮，烘烤后的面包表皮就会非常的厚。

黑麦面包酸性较大，目前在国内这类面包的普遍性并不高。在实际实践中，可以选用少部分小麦粉与黑麦粉搭配制作，减少一定的酸度。

二、产品实操

（一）奥利弗涅黑麦面包

面团原料：

T170面粉（黑麦粉）1000克，鲜酵母5克，食盐22克，固体酵种550克，水950克

预先准备：

1. 将鲜酵母放入少量冷水中，使得酵母溶解即可。

2. 将水加热到65℃备用。

3. 准备藤碗。

制作过程：

1. 将除鲜酵母外所有材料放入搅拌缸中，用低速搅拌4分钟左右，使得原料充分混合均匀，并使得面团温度有所下降。

2. 加入酵母溶液，用中速搅打8分钟左右，搅打至面团成团，然后再快速搅打1~2分钟，使得面团表面光滑即可（面团温度在38℃左右）。

3. 将面团取出放入盆中，在室温下醒发90分钟。

4. 在藤条碗中筛上面粉。

5. 将面团平均分成两份，再将面团四周轻轻塞入面团内部中心处，使得面团呈圆形。

6. 将分割好的面团放入藤条碗中，表面盖上保鲜膜，在室温下醒发45分钟。之后将其放入冰箱（1℃）15分钟，使其在烘烤过程中呈现更多好的裂口。

7. 入烤箱，以上下火各250℃，喷蒸汽5秒，烘烤5分钟，使面团快速膨胀。再将烤箱温度调至上火下火220℃，烘烤50~60分钟即可。

注意事项:

1. 因黑麦粉没有面筋, 需要用65℃的水来和面, 使淀粉糊化。

2. 在制作面团时, 鲜酵母需用冷水化开后加入, 避免酵母遇热失去活性。

3. 手粉和筛粉使用黑麦粉, 黑麦粉较干燥, 不易被面团弄潮, 更能帮助面包产生裂纹。

4. 成形时, 使用发酵布会使面团不粘桌面, 有利于操作。

5. 烘焙时使用落地烘烤 (指直接将面包放置在烤箱内烘烤, 不使用烤盘等承载工具)。

（二）黑麦造型面包

面团原料：

T85面粉（黑麦粉）500克，T65面粉500克，鲜酵母5克，食盐20克，固体酵

种550克，水720克

制作过程：

1.将所有原材料放入打面缸中，用低速搅拌8分钟将其搅打均匀，然后再换中速搅打至形成面团。

2.将面团搅打至可拉出一点延展性即可，取出面团并放置周转箱，在室温（20℃~24℃）下醒发60~75分钟。

3.将面团分割成1个40克以及5个100克的面团。

4.将100克的面团预整形呈橄榄形，再将40克的面团揉圆，在室温下醒发20分钟。

5.在40克面团表面刷上水并粘上奇亚籽。

6.将100克橄榄形面团搓长至15厘米。

7.将小圆面团置于中心，橄榄形面团依次旋转围绕着小圆面团摆放，制成花形。

8.将面团在室温下发酵50分钟。

9.使用一个小圆片放在小圆面团上，并在面团表面筛上面粉，取下小圆团。

10.在面团表面划上刀口。

11.在小圆面团上剪上十字刀口，入炉以上火250℃、下火230℃，喷蒸汽5秒，烘烤30分钟。

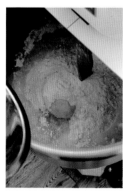

注意事项:

1. 成形时，使用发酵布会使面团不粘桌面，有利于操作。

2. 烘焙时使用落地烘烤（指直接将面包放置烤箱烘烤，不使用烤盘等承载工具）。

三、黑麦面包

2017年阿布扎比烘焙项目模块D：面包（小麦面包、黑麦面包）——蔡叶昭获奖作品

面团原料：

T65面粉400克，黑麦粉600克，盐15克，鲜酵母20克，天然酵种200克，黑麦酵种200克，水600克

制作过程：

1. 将干性材料和湿性材料全部混合搅拌，搅拌至表面光滑、有延展性。

2. 出面温度控制在22℃~24℃，在室温下基础醒发45分钟。

3. 将面团分割成每500克一个。

4. 滚圆，松弛20分钟左右。

5. 将面团四边擀开，中间预留一个正方形，将边角对折形成一个正方形。

6. 在室温下醒发至原体积1.5倍大，在表面筛粉。

7.用刀在面包的对角线上划上刀口，再有间距地在每个区域内划上对角线刀，以上火240℃、下火210℃，喷蒸汽5秒，烘烤35分钟左右即可。

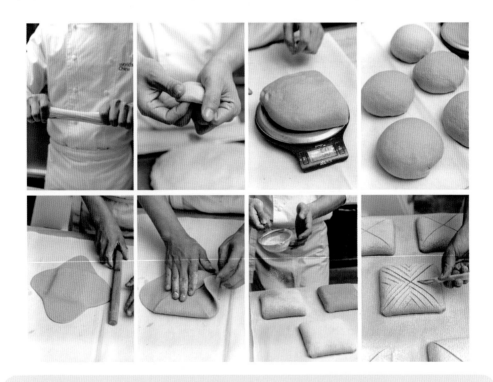

注意事项：

1.黑麦面包要体现出酸味，在醒发过程中要注意面团的温度。

2.正方形整形后在醒发过程中会变形，烘烤前需调整。

第七节　法式造型面包

一、造型1

面团原料：

T65面粉1000克，鲜酵母10克，食盐20克，固体酵种200克，水650克

辅料：

橄榄油适量，奇亚籽适量

制作过程：

1. 将面团原料的所有材料倒入面缸中进行搅拌。

2. 搅拌至表面光滑，有良好的延展性，能拉出薄膜。

3. 将打好的面团放置在发酵箱中，在室温（26℃）下发酵60分钟。

4. 将面团分割成6个200克（3个为1组）、2个50克，预整形呈圆形，放至发酵布上在室温下松弛30分钟。

5. 将剩余的面团擀成0.2厘米厚的面皮，并放入冰箱冷冻备用。

6. 将发酵好的面团，用擀面杖将面团前端擀成0.2厘米厚的面皮。

7. 用裱花嘴将面皮的边缘压成锯齿状。

8. 在边缘刷上少许橄榄油。

9. 将面皮翻折盖在面团上，3个为1组摆放。

10. 将冻好的面皮取出，用模具刻出形状，并在边缘刷少许橄榄油。

11. 将制好的面皮盖在面团上。

12. 取一个50克的小面团表面喷水，粘上奇亚籽，并放置在3个200克面团中间。

13. 将成形的面团在室温下醒发45分钟，在发酵好的面团上放上筛粉模具，并筛上一层面粉，取下模具。

14. 在面皮上用刀划出刀口，呈叶子状。

15. 入烤箱，以上火250℃、下火230℃，喷蒸汽5秒，烘烤25~28分钟。

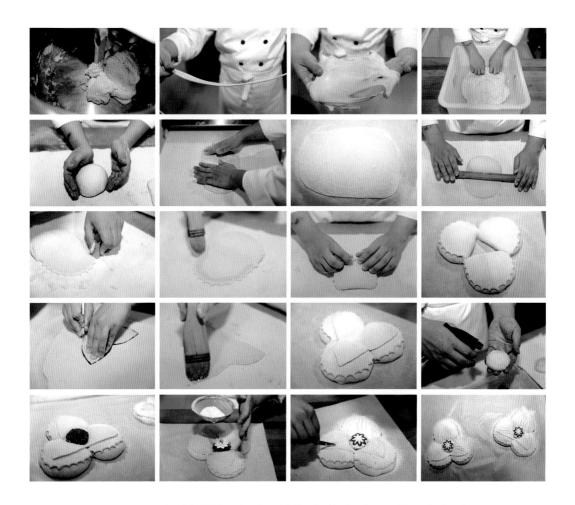

注意事项：

1. 成形操作时，使用发酵布帮助面团不粘桌面，有利于操作。

2. 烘焙时使用落地烘烤（指直接将面包放置烤箱烘烤，不使用烤盘等承载工具）。

3. 面皮上的油脂不宜刷过多，否则影响成品。

二、造型2

面团原料:

T65面粉 1000克，鲜酵母10克，食盐20克，固体酵种200克，水650克

辅料：

橄榄油适量，奇亚籽适量

制作过程：

1. 将面团原料的所有材料倒入面缸中进行搅拌。

2. 搅拌至表面光滑，有良好的延展性，能拉出薄膜。

3. 将打好的面团放置在发酵箱中，在室温（26℃）下发酵60分钟。

4. 将面团分割成每500克一个，预整形呈圆形，放至发酵布上在室温下松弛30分钟。

5. 将剩余的面团擀至0.2厘米厚的面皮，并放入冰箱冷冻备用。

6. 将发酵好的面团，用擀面杖将面团稍加擀扁，在表面放上模具，用切面刀切出形状，将切开部位两侧的面团折在面团底部。

7. 将冻好的面皮取出，用模具刻出形状，并在表面喷水粘上奇亚籽。

8. 在面皮边缘刷上少许橄榄油。

9. 将制好的面皮盖在面团上。

10. 将成形的面团在室温下醒发45分钟。

11. 将筛粉模具放在发酵好的面团上，并筛上一层面粉。

12. 入烤箱，以上火250℃、下火230℃，喷蒸汽5秒，烘烤25~28分钟。

注意事项：

1. 成形操作时，使用发酵布会使面团不粘桌面，有利于操作。

2. 烘焙时使用落地烘烤（指直接将面包放置烤箱烘烤）。

3. 面皮上的油脂不宜刷过多，否则影响成品。

三、造型3

面团原料：

T65面粉1000克，鲜酵母10克，食盐20克，固体酵种200克，水650克

预先准备：

1. 调节水温。

2. 准备适量橄榄油。

3. 准备适量红曲粉。

制作过程：

1. 将所有材料倒入面缸中进行搅拌。

2. 搅拌至表面光滑，有良好的延展性，能拉出薄膜。

3. 取420克的面团，加入15克红曲粉搅拌成红色面团。

4. 将打好的面团放置在发酵箱中，在室温（26℃）下发酵60分钟。

5. 将面团分割成每480克一个，预整形呈圆形，放至发酵布上在室温下松弛30分钟。

6. 将红色面团擀至0.2厘米厚的面皮，并放入冰箱冷冻备用。

7. 将发酵好的面团，用擀面杖将面团稍加擀扁。

8. 将冻好的面皮取出，用模具刻出形状（刻6片）。

9. 在刻好的面皮边缘刷上少许橄榄油。

10. 取一块制好的面皮盖在面团上，在中间放上模具，筛上一层面粉。

11. 再取一块面皮交叉放置在上面。

12. 将成形的面团在室温下醒发45分钟，在发酵好的面团上放上筛粉模具，并筛上一层面粉。

13. 以上火250℃、下火230℃，喷蒸汽5秒，烘烤25~28分钟。

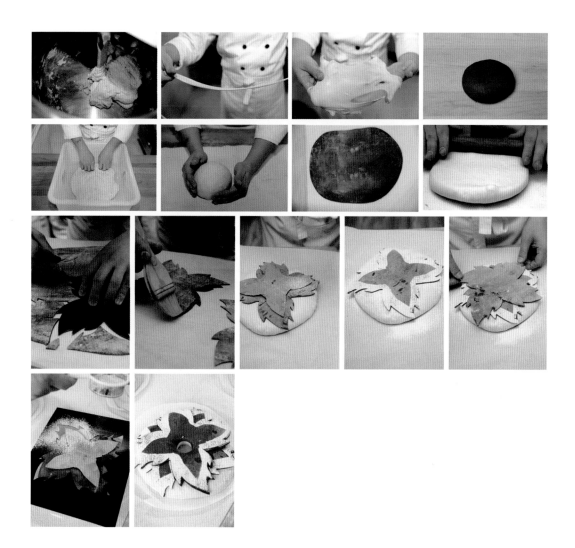

注意事项：

1. 成形时，使用发酵布会帮助面团不粘桌面，有利于操作。

2. 烘焙时使用落地烘烤（指直接将面包放置烤箱烘烤，不使用烤盘等承载工具）。

3. 面皮上的油脂不宜刷过多，否则影响成品。

四、造型4

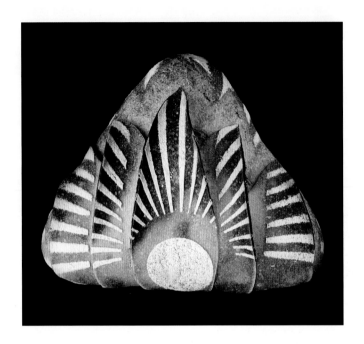

面团原料：

T65面粉1000克，鲜酵母10克，食盐20克，固体酵种200克，水650克

辅料：

橄榄油适量，奇亚籽适量

制作过程：

1. 将面团原料中的所有材料倒入面缸中进行搅拌。

2. 搅拌至表面光滑，有良好的延展性，能拉出薄膜。

3. 将打好的面团放置在发酵箱中，在室温（26℃）下发酵60分钟。

4. 将面团分割成每450克一个，预整形呈圆形，放至发酵布上在室温下松弛30分钟。

5. 将剩余面团擀至0.2厘米厚的面皮，并放入冰箱冷冻备用。

6. 将发酵好的面团，轻轻拍扁，并三边收底，制成三角形形状。

7. 将冻好的面皮取出，用刀刻出叶片形状（3种尺寸）（大号：长20厘米1片，中号：16厘米2片，小号：12厘米2片，5片为1组）。

8. 在面皮边缘刷上少许橄榄油。

9. 将制好的面皮从小到大依次盖在面团上，把多余部分放置在面团下进行收底。

10. 将成形的面团在室温下醒发45分钟，在发酵好的面团上放上筛粉模具，并筛上一层面粉。

11. 入烤箱，以上火250℃、下火230℃，喷蒸汽5秒，烘烤25~28分钟。

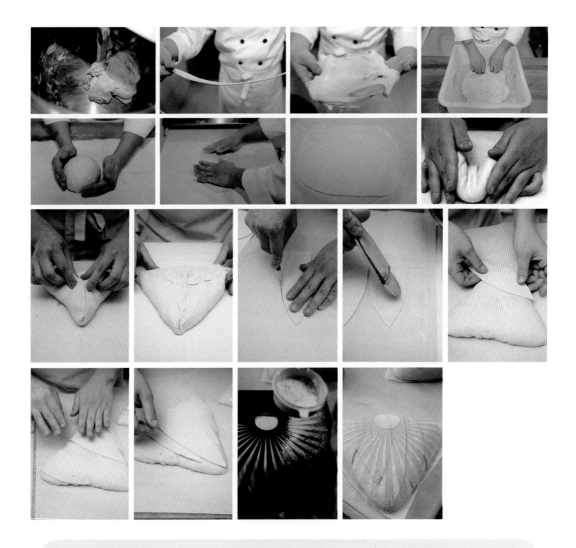

注意事项：

1. 成形操作时，使用发酵布会帮助面团不粘桌面，有利于操作。

2. 烘焙时使用落地烘烤（指直接将面包放置烤箱烘烤，不使用烤盘等承载工具）。

3. 面皮上的油脂不宜刷过多，否则影响成品。

五、造型5

面团原料:

T65面粉1000克，鲜酵母10克，食盐20克，固体酵种200克，水650克

辅料：

橄榄油适量，奇亚籽适量

制作过程：

1. 将面团原料中的所有材料倒入面缸中进行搅拌。

2. 搅拌至表面光滑，有良好的延展性，能拉出薄膜。

3. 将打好的面团放置在发酵箱中，在室温（26℃）下发酵60分钟。

4. 将面团分割成3个500克的、3个80克的，预整形呈长柱形，放至发酵布上在室温下松弛30分钟。

5. 取出发酵好的面团，用手掌拍压面团，使其排出多余气体，将面团较为平整的一面朝下，从远离身体的一侧开始，折叠约1/3，用手掌的掌根将对接处按压紧实，用双手将面团搓成约38厘米的长条。

6. 取一个80克面团擀至长38厘米，宽8厘米，厚0.2厘米的面皮。

7. 在面皮边缘刷上一层橄榄油，用奇亚籽装饰。

8. 将长条形面团放置在面皮上，将面皮朝上，弯成U字形。

9. 将成形的面团在室温下醒发45分钟，在发酵好的面团上放上筛粉模具，并筛上一层面粉。

10. 入烤箱，以上火250℃、下火230℃，喷蒸汽5秒，烘烤25~28分钟。

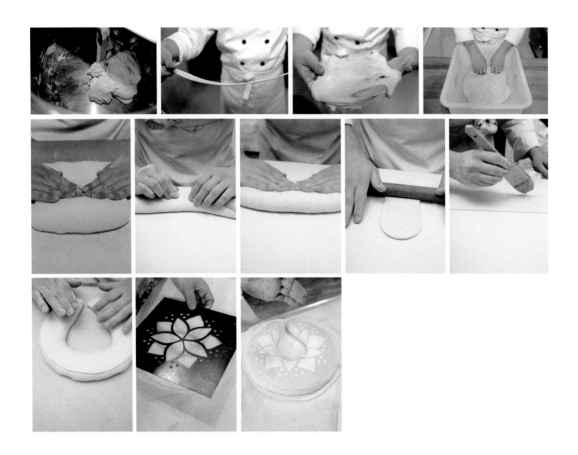

注意事项:

1. 成形操作时，使用发酵布会使面团不粘桌面，有利于操作。

2. 烘焙时使用落地烘烤（指直接将面包放置烤箱烘烤）。

3. 面皮上的油脂不宜刷过多，否则影响成品。

六、法式造型面包（三种）

2017年阿布扎比烘焙项目模块D：面包（小麦面包、黑麦面包）——蔡叶昭获奖作品

面团原料：

T65面粉1000克，盐15克，鲜酵母20克，天然酵种200克，水650克

辅料:

橄榄油适量,奇亚籽适量

制作过程:

1. 将面团原料中的所有干性材料和湿性材料混合搅拌。

2. 搅拌至表面光滑有延展性。

3. 出面温度控制在22℃~24℃,用包面纸包好,在室温(20℃~24℃)下基础醒发45分钟。

4. 分别分割出500克和250克的面团。

5. 其中造型一需要500克圆柱形面团,造型二需要2个250克面团,造型三需要500克圆形面团,各自整形完成后,在室温下松弛15分钟左右。

6. 将剩余面团擀成2毫米左右的面皮,制作法式面包表皮用于装饰,冷藏冻硬。

7. 将不同的雕刻版放在面皮表面,用雕刻刀进行雕刻;花形的面皮表面用奇亚籽装饰。

8. 造型一:取出一块500克的圆柱形面团,面团排气,将前1/3用擀面杖擀平,用刀将擀平的部分(如图)切出花纹,表面刷上橄榄油。再将擀平的面团翻折在剩余面团上,用切面刀在前端切一刀,再将两边面团自然弯曲至一定弧度。

9. 造型二:取出两块250克的圆柱形面团,面团排气,将前1/3的部分擀平,用刀将擀平的部分切出花纹,表面刷上橄榄油,再将擀平的面团翻折在剩余面团上,2个1组对齐。取一片菱形的面片,并刷上油,盖在组合面团上。

10. 造型三:取出一块500克的圆形面团,进行排气,把两块雕刻好的花瓣底面都刷上油(其中一块表面喷上水,粘上奇亚籽),交叉放在面团表面(粘奇亚籽的那块放在上面),中间用圈模压出一个圆形的孔。

11. 室温醒发至原体积的1.5倍大，分别将三款法式面包放上筛粉模具进行表面筛粉，以上火230℃、下火210℃、喷蒸汽5秒，烘烤25分钟左右。

注意事项：

1. 法式面团的塑形控制在于对面团的掌控，筋度要把握好。

2. 盖在面包表面的面皮不宜太薄，容易烤煳；过厚则不易达到翘边的效果。

3. 刷油不宜太多也不能太少，否则都会影响面包的外观。

第八节　法棒与花式法棒

一、法棒

面团原料：

T65面粉1000克，水650克，食盐20克，鲜酵母6克，固体酵种200克，分次加水80克

制作过程:

1. 将T65面粉和水倒入面缸中,稍稍搅拌至混合,停止搅拌,在室温下静置90分钟,进行水解。

2. 加入盐用1挡搅拌均匀后,加入酵母和固体酵种,继续用1挡搅拌约10分钟,观察面团的状态,分次加水,并调整转速至2挡,搅拌至面团不粘缸壁、表面细腻光滑。

3. 将面团搅拌至面筋有延展性,能拉开薄膜。

4. 将面团放入周转箱中,将面团的四边分别向中间内部折叠,使面团表面圆滑饱满。放入冰箱冷藏(3℃)发酵一夜(12~15小时)。

5. 取出冷藏好的面团,分割成每450克一个,预整形呈圆柱形。

6. 将预整形的面团放置在发酵布上,在室温(22℃~26℃)下发酵30分钟。

7. 取出发酵好的面团,用手掌拍压面团,使其排出多余气体。

8. 将面团较为平整的一面朝下,从远离身体的一侧开始,折叠约1/3,用手掌的掌根将对接处按压紧实,用双手将面团搓成约55厘米的长条。

9. 将成形的面团底部朝上,放置在发酵布上,在室温下发酵45分钟,再放入冰箱冷藏(3℃)15分钟。

10. 取出面团,用刀片在面团表面斜着划5刀(注意刀口的深浅)。

11. 入烤箱,以上火250℃、下火230℃,喷蒸汽5秒,烘烤20分钟,再打开风门烘烤3~5分钟。

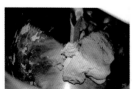   

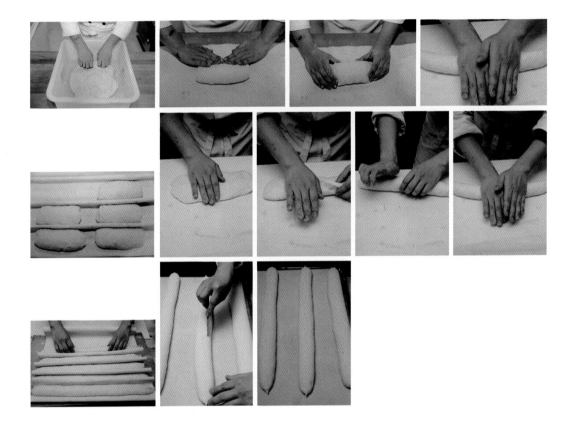

注意事项：

1. 水解阶段：将水和面粉混合静置一段时间，可以帮助面团快速形成面筋，并且可以减弱面筋的强度，方便面团整形。

2. 成形时，使用发酵布会使面团不粘桌面，有利于操作。

3. 烘焙时使用落地烘烤（指直接将面包放置烤箱烘烤，不使用烤盘等承载工具）。

4. 将发酵好的面团放入冰箱冷藏，有利于烘焙膨胀。

二、花式法棒造型一

面团原料：

　　T65面粉1000克，水650克，食盐20克，鲜酵母6克，固体酵种200克，分次
加水80克

辅料：

白御米适量

制作过程：

1. 将T65面粉和水倒入面缸中，稍稍搅拌至混合，停止搅拌，在室温（22℃~26℃）下静置90分钟，进行水解。

2. 加入盐用1挡搅拌均匀后，加入酵母和固体酵种，继续用1挡搅拌约10分钟，观察面团的状态，分次加水，并调整转速至2挡，搅拌至面团不粘缸壁、表面细腻光滑。

3. 将面团搅拌至面筋有延展性，能拉开薄膜。

4. 将面团放入周转箱中，将面团的四边分别向中间内部折叠，使面团表面圆滑饱满。放入冰箱冷藏（3℃）发酵一夜（12~15小时）。

5. 取出冷藏好的面团，分割成每450克一个，预整形呈圆柱形。

6. 将预整形的面团放置在发酵布上，在室温（22℃~26℃）下发酵30分钟。

7. 取出发酵好的面团，用手掌拍压面团，使其排出多余气体。

8. 将面团较为平整的一面朝下，从远离身体的一侧开始，折叠约1/3，用手掌的掌根将对接处按压紧实，用双手将面团搓成约55厘米的长条。

9. 在成形的面团表面刷上水。

10. 在面团表面粘上适量白御米。

11. 将成形的面团底部朝上，放置在发酵布上，在室温下发酵45分钟，再放入冰箱冷藏（3℃）15分钟。

12. 取出面团，用剪刀剪出麦穗状，不要剪断。

13. 摆放呈"S"形状。

14. 以上火250℃、下火230℃，喷蒸汽5秒，烘烤20分钟，再打开风门烘烤

3~5分钟。

注意事项：

1. 水解阶段：将水和面粉混合静置一段时间，可以帮助面团快速形成面筋，并且可以减弱面筋的强度，方便面团整形。

2. 成形时，使用发酵布会使面团不粘桌面，有利于操作。

3. 烘焙时使用落地烘烤（指直接将面包放置烤箱烘烤，不使用烤盘等承载工具）。

4. 将发酵好的面团放入冰箱冷藏，有利于烘焙膨胀。

5. 白御米的使用要符合规定。

三、花式法棒造型二

面团原料：

T65面粉1000克，水650克，食盐20克，鲜酵母6克，固体酵种200克，分次加水80克

辅料：

奇亚籽适量

制作过程：

1. 将T65面粉和水倒入面缸中，稍稍搅拌至混合，停止搅拌，在室温下静置90分钟，进行水解。

2. 加入盐用1挡搅拌均匀后，加入酵母和固体酵种，继续用1挡搅拌约10分钟，观察面团的状态，分次加水，并调整转速至2挡，搅拌至面团不粘缸壁、表面细腻光滑。

3. 将面团搅拌至面筋有延展性，能拉开薄膜。

4. 将面团放入周转箱中，将面团的四边分别向中间内部折叠，使面团表面圆滑饱满。放入冰箱冷藏（3℃）发酵一夜（12~15小时）。

5. 取出冷藏好的面团，分割成450克每个，预整形呈圆柱形。

6. 将预整形的面团放置在发酵布上，在室温下发酵30分钟。

7. 取出发酵好的面团，用手掌拍压面团，使其排出多余气体。

8. 将面团较为平整的一面朝下，从远离身体的一侧开始，折叠约1/3，用手掌的掌根将对接处按压紧实，用双手将面团搓成约55厘米的长条。

9. 在成形的面团表面刷上水。

10. 在面团表面粘取适量奇亚籽。

11. 将成形的面团底部朝上，放置在发酵布上，在室温下发酵45分钟，再入冰箱冷藏（3℃）15分钟。

12. 取出面团，用切面刀在面团中间处斜着切开，切4刀。

13. 用手将切口处拉开。

14. 用剪刀将面团一边剪成麦穗状，左右交替的手法剪制，不要剪断。

15. 以上火250℃、下火230℃，喷蒸汽5秒，烘烤20分钟，再打开风门烘烤3~5分钟。

注意事项：

1. 水解阶段：将水和面粉混合静置一段时间，可以帮助面团快速形成面筋，并且可以减弱面筋的强度，方便面团整形。

2. 成形时，使用发酵布会使面团不粘桌面，有利于操作。

3. 烘焙时使用落地烘烤（指直接将面包放置烤箱烘烤）。

4. 将发酵好的面团放入冰箱冷藏，有利于烘焙膨胀。

四、花式法棒造型三

面团原料：

T65面粉1000克，水650克，食盐20克，鲜酵母6克，固体酵种200克，分次加水80克

辅料：

橄榄油适量

制作过程：

1. 将T65面粉和水倒入面缸中，稍稍搅拌至混合，停止搅拌，在室温下静置90分钟，进行水解。

2. 加入盐用1挡搅拌均匀后，加入酵母和固体酵种，继续用1挡搅拌约10分钟，观察面团的状态，分次加水，并调整转速至2挡，搅拌至面团不粘缸壁、表面细腻光滑。

3. 将面团搅拌至面筋有延展性，能拉开薄膜。

4. 将面团放入周转箱中，将面团的四边分别向中间内部折叠，使面团表面圆滑饱满。放入冰箱冷藏（3℃）发酵一夜（12~15小时）。

5. 取出冷藏好的面团，分割成400克和80克各4个，均预整形呈圆柱形。

6. 将预整形的面团放置在发酵布上，在室温下发酵30分钟。

7. 取出发酵好的400克面团，用手掌拍压面团，使其排出多余气体。

8. 将面团较为平整的一面朝下，从远离身体的一侧开始，折叠约1/3，用手掌的掌根将对接处按压紧实，用双手将面团搓成约55厘米的长条。

9. 将80克面团擀至长55厘米、宽6厘米、厚0.1厘米的面皮。

10. 在面皮边缘刷上一层橄榄油。

11. 将长条形面团（"步骤8"）放置在面皮（"步骤10"）上（接口朝上摆放）。

12. 将成形的面团底部朝上，放置在发酵布上，在室温下发酵45分钟，再放入冰箱冷藏（3℃）15分钟。

13. 取出面团，用切面刀在面团中间处斜着切开，从上到下均匀切5刀，不要切断。

14. 用手将切口处拉开。

15. 面团表面筛上面粉，以上火250℃、下火230℃，喷蒸汽5秒，烘烤20分钟，再打开风门烘烤3~5分钟。

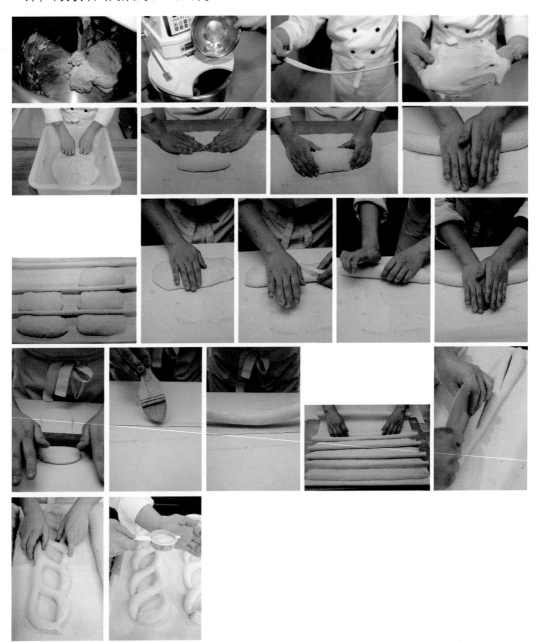

注意事项：

1. 水解阶段：将水和面粉混合静置一段时间，可以帮助面团快速形成面筋，并且可以减弱面筋的强度，方便面团整形。

2. 成形时，使用发酵布会使面团不粘桌面，有利于操作。

3. 烘焙时使用落地烘烤（指直接将面包放置烤箱烘烤，不使用烤盘等承载工具）。

4. 面皮上的油脂不宜刷过多，否则会影响成品。

5. 将发酵好的面团放入冰箱冷藏，便于烘焙膨胀。

五、花式法棒造型四

面团原料:

T65面粉1000克，水650克，食盐 20克，鲜酵母 6克，固体酵种200克，分次加水80克

辅料:

橄榄油适量

制作过程:

1. 将T65面粉和水倒入面缸中，稍稍搅拌至混合，停止搅拌，在室温下静置90分钟，进行水解。

2. 加入盐用1挡搅拌均匀后，加入酵母和固体酵种，继续用1挡搅拌约10分钟，观察面团的状态，分次加水，并调整转速至2挡，搅拌至面团不粘缸壁、表面细腻光滑。

3. 将面团搅拌至面筋有延展性，能拉开薄膜。

4. 将面团放入周转箱中，将面团的四边分别向中间内部折叠，使面团表面圆滑饱满。放入冰箱冷藏（3℃）发酵一夜（12~15小时）。

5. 取出冷藏好的面团，分割成400克和80克各4个，均预整形呈圆柱形。

6. 将预整形的面团放置在发酵布上，在室温下发酵30分钟。

7. 取出发酵好的400克面团，用手掌拍压面团，使其排出多余气体。

8. 将面团较为平整的一面朝下，从远离身体的一侧开始，折叠约1/3，用手掌的掌根将对接处按压紧实，用双手将面团搓成约55厘米的长条。

9. 将80克面团擀至长55厘米，宽8厘米，厚0.1厘米的面皮。

10. 在面皮中间刷上一层橄榄油。

11. 将长条形面团放置在面皮上（接口朝上摆放）。

12. 使面皮包裹面团，并收紧底部。

13. 将成形的面团底部朝上，放置在发酵布上，在室温下发酵45分钟，再放入冰箱冷藏（3℃）15分钟。

14. 取出面团，用剪刀剪成麦穗状，沿一边摆放。

15. 以上火250℃、下火230℃，喷蒸汽5秒，烘烤20分钟，再打开风门烘烤3~5分钟。

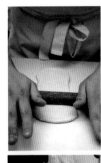    

注意事项：

1. 水解阶段：将水和面粉混合静置一段时间，可以帮助面团快速形成面筋，并且可以减弱面筋的强度，方便面团整形。

2. 成形时，可使用发酵布帮助面团不粘桌面，有利于操作。

3. 烘焙时使用落地烘烤（指直接将面包放置烤箱烘烤，不使用烤盘等承载工具）。

4. 面皮上的油脂不宜刷过多，否则会影响成品。

5. 将发酵好的面团放入冰箱冷藏，有利于烘焙膨胀。

第九节　营养健康面包

一、虎斑谷物面包

虎斑纹面糊原料：

黑啤酒162克，T85面粉（黑麦粉）10克，鲜酵母5克

面糊制作过程：

将所有材料倒入盆中搅拌均匀，呈浓稠的糊状即可。

面团原料：

T65面粉800克，T85面粉（黑麦粉）150克，荞麦粉50克，食盐20克，鲜酵母6克，固体酵种400克，水680克，种子混合物（种子混合物是指葵花籽、南瓜子、亚麻籽、黑芝麻、白芝麻的混合物）100克，蔓越莓干80克，杏子干80克，

草莓干80克，朗姆酒适量

预先准备：

1. 调节水温。

2. 将种子混合物入烤箱，以上下火各150℃，烘烤15分钟，并用1：1的水浸泡，备用。

3. 将蔓越莓干、杏干和草莓干切成丁，并用朗姆酒浸泡。

制作过程：

1. 将T65面粉、T85面粉(黑麦粉)、荞麦粉、食盐、鲜酵母、固体酵种倒入打面缸中，搅拌成团。

2. 将面团搅拌至表面光滑，能拉出薄膜。

3. 加入蔓越莓干、杏子干、草莓干和种子混合物，搅拌均匀。

4. 取出面团放置在发酵箱中，在室温（26℃）下醒发90分钟，将面团取出分割成每550克一个。

5. 将面团预整形呈圆柱形，放置在发酵布上，在室温下松弛20分钟。

6. 将面团整形呈橄榄形。

7. 将面团在室温下醒发60分钟。

8. 在面团表面用毛刷刷上一层虎斑纹面糊。

9. 在面团表面筛上黑麦粉，以上火250℃、下火230℃，喷蒸汽3秒，烘烤25~30分钟。

注意事项：

1. 成形操作时，使用发酵布会帮助面团不粘桌面，有利于操作。

2. 烘焙时使用落地烘烤（指直接将面包放置烤箱烘烤，不使用烤盘等承载工具）。

二、洛神花玫瑰面包

面团原料:

T65面粉 1000克，红曲粉8克，海藻糖30克，鲜酵母20克，食盐18克，固体酵种100克，玫瑰花碎30克，水750克，洛神花干丁250克，核桃碎200克，玉米碎50克

预先准备：

提前用1∶1的水浸泡玫瑰花碎。

制作过程：

1. 将T65面粉、红曲粉、海藻糖、鲜酵母、食盐、固体酵种倒入打面缸中，加入水搅拌出面筋。

2. 加入浸泡玫瑰花碎、洛神花干丁、核桃碎和玉米碎搅拌均匀。

3. 搅拌至面团能拉出较薄的筋膜取出放置发酵箱中，在室温（26℃）下醒发80分钟。

4. 面团发酵完成后取出，将面团分割成每个450克。

5. 将面团预整形呈圆形，放置在发酵布上，在室温下松弛20分钟。

6. 将面团轻拍排气，整形呈三角形的形状。

7. 将面团在室温下醒发60分钟。

8. 取出面团，在上面摆放"福"字的过筛模具，并筛上一层面粉。

9. 用割刀在面团边角各划三个刀口，以上火250℃、下火230℃，喷蒸汽5秒，烘烤25~30分钟。

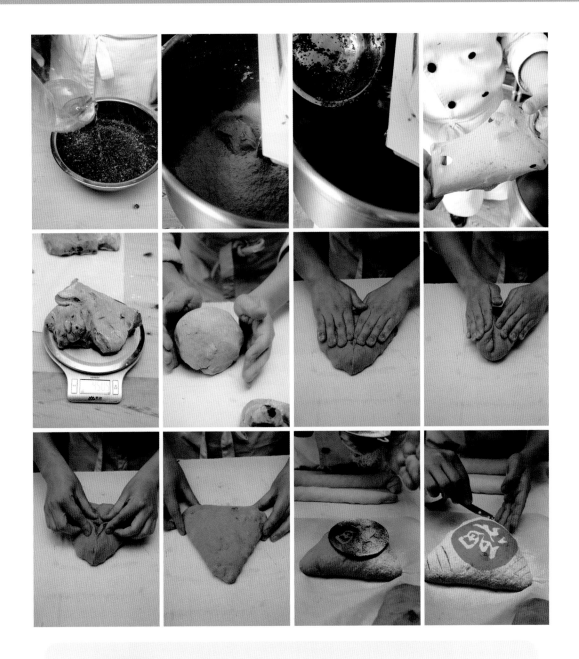

注意事项:

1. 成形操作时,使用发酵布会帮助面团不粘桌面,有利于操作。

2. 烘焙时使用落地烘烤(指直接将面包放置烤箱烘烤,不使用烤盘等承载工具)。

三、苹果黑麦面包

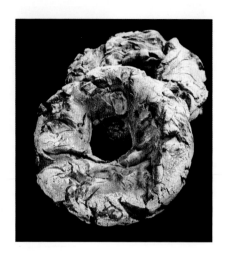

苹果酒波兰酵头原料：

T170面粉（黑麦粉）500克，鲜酵母1克，苹果香槟酒375克，水250克

酵头制作过程:

1. 用水把鲜酵母化开,倒入苹果香槟酒拌匀,最后倒入黑麦粉搅拌均匀。

2. 盖上保鲜膜,在室温下发酵12小时。

面团原料:

T170面粉(黑麦粉)600克,T65面粉325克,荞麦粉75克,鲜酵母8克,食盐30克,苹果酒波兰酵头适量,水375克,青苹果丁700克

预先准备：

1. 准备环形藤碗，并筛上黑麦粉。

2. 青苹果洗好切成丁。

3. 提前一晚制作所需酵头。

制作过程：

1. 将水沿着盆壁倒入苹果酒波兰酵头里，使苹果酒波兰酵头自然脱落盆壁。

2. 将T170面粉（黑麦粉）、T65面粉、荞麦粉、鲜酵母、食盐倒入打面缸中，加入"步骤1"搅拌至面团表面光滑。

3. 加入青苹果丁搅拌均匀。

4. 取出面团，将其放置发酵箱中，在室温（26℃）下醒发90分钟。

5. 取出面团，切割成每800克一个。

6. 将面团预整形呈圆形，放在发酵布上，在室温下松弛10分钟。

7. 在面团表面撒上少许黑麦粉，轻拍排气，在面团中心用手肘压出一个洞。

8. 放入筛好黑麦粉的环形发酵藤碗中，在室温下发酵60分钟。

9. 取出面团，以上火250℃、下火230℃，喷蒸汽5秒，烘烤40~45分钟。

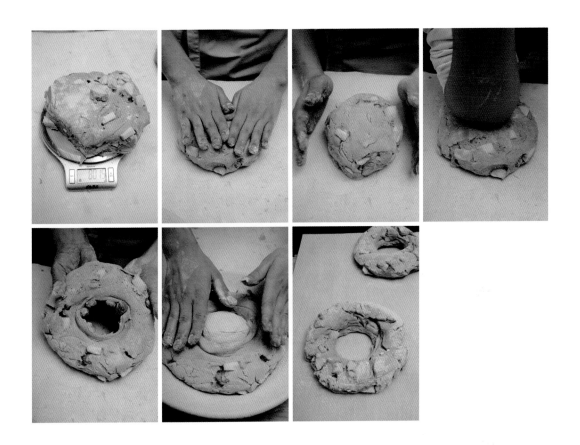

注意事项:

1. 手粉和筛粉使用黑麦粉,黑麦粉较干燥,不易吸收面团中的水分,更能使面包产生裂纹。

2. 成形操作时,使用发酵布会帮助面团不粘桌面,有利于操作。

3. 烘焙时使用落地烘烤(指直接将面包放置烤箱烘烤,不使用烤盘等承载工具)。

四、香橙亚麻籽面包

香橙波兰酵头原料：

T65面粉400克，橙汁500克，鲜酵母1克

酵头制作过程：

1. 将鲜酵母倒入橙汁中化开，加入T65面粉，用打蛋器搅拌均匀。

2. 盖上保鲜膜，在室温下发酵12小时。

面团原料：

T65面粉1000克，鲜酵母20克，食盐 30克，香橙波兰酵头900克，水550克，亚麻籽200克，橙皮 1个

预先准备：

1. 橙子皮洗好刨成屑。

2. 提前一晚制作所需酵头。

3. 准备适量橄榄油。

制作过程：

1. 将水沿着盆壁倒入香橙波兰酵头里，使香橙波兰酵头自然脱落盆壁。

2. 将T65面粉、鲜酵母、食盐倒入打面缸中，然后边搅拌边加入"步骤1"，面团搅拌至表面光滑，能拉出薄膜。

3. 加入亚麻籽和橙皮屑搅拌均匀。

4. 取出面团放置在发酵箱中，在室温下醒发50分钟，再将面团取出分割成每450克一个。

5. 将面团预整形呈圆柱形，放置在发酵布上，在室温下松弛20分钟。

6. 用擀面杖将面团的前端擀成厚0.1厘米左右的面皮。

7. 将其用刀平均切成5根长条。

8. 将长条编织成五股辫。

9. 用擀面杖在面团中间压一下。

10. 在五股辫的边缘刷少许橄榄油。

11. 将辫子翻折盖在面团表面。

12. 使面团在室温下醒发60分钟。

13. 在面团表面筛上面粉。

14. 在侧面倾斜割上刀纹，以上火250℃、下火230℃，喷蒸汽5秒，烘烤25~30分钟。

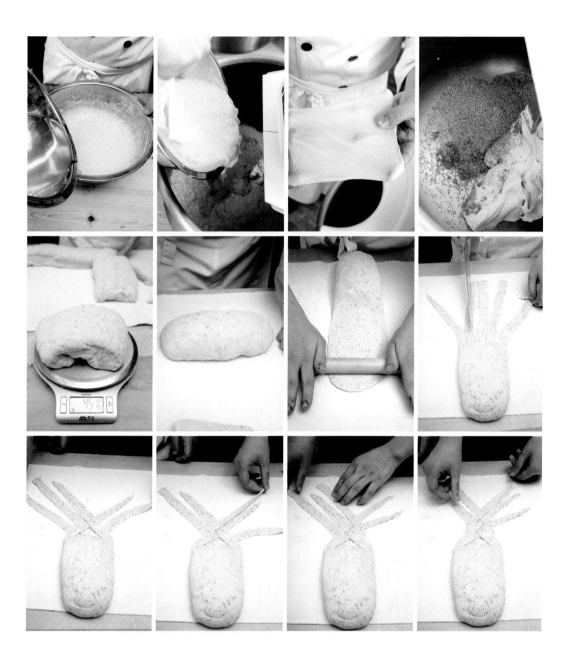

注意事项:

1. 成形操作时,使用发酵布会帮助面团不粘桌面,有利于操作。

2. 烘焙时使用落地烘烤(指直接将面包放置烤箱烘烤,不使用烤盘等承载工具)。

3. 面皮上的油脂不宜刷过多,否则影响成品。

第十节　其他类面包

一、小丑

2017年阿布扎比烘焙项目模块A：客户指定项目——蔡叶昭获奖作品

面团原料：

T65面粉500克，黑麦粉500克，盐20克，鲜酵母40克，水650克，黄油120克

辅料：

奇亚籽油、玉米籽各适量

制作过程：

1. 将面团原料中的干性材料和湿性材料全部混合搅拌。

2. 搅拌至表面光滑有延展性。

3. 出面温度控制在22℃~24℃，在室温（20℃~24℃）下基础醒发45分钟，分割成每500克一个的面团。

4. 将面团擀平至3毫米左右，放入冷藏柜冷藏。

5. 冷藏好后，将小丑模具放在面片上进行雕刻，如下图所示。

6. 将雕刻好的面片（如下图所示）叠在一起，分别撒上奇亚籽和玉米籽。

7. 面团表面进行筛粉，以上火230℃、下火210℃，喷蒸汽3秒，烘烤20分钟即可。

注意事项：

1. 面团只需打到基本扩展、表面光滑即可，打过或未成筋度，都会影响面团塑形的好坏。

2. 制作模具过程中需分好每一层的切面，才能有很好的立体感。

3. 面团冷藏不能过硬，否则容易导致面皮出现裂痕。

4. 烘烤过程中，要喷蒸汽，再放入面包烘烤，否则面包表皮面粉会脱落。

二、神秘面包卷

2017年阿布扎比烘焙项目模块E：神秘材料产品——蔡叶昭获奖作品

面团原料：

T55面粉1000克，盐20克，糖200克，鲜酵母40克，天然酵母200克，牛奶400克，鸡蛋200克，黄油350克

乳酪夹心原料：

乳酪100克，糖50克，巧克力20克，蔓越莓30克

预先准备：

巧克力酥粒：将50克黄油和50克糖粉搅拌均匀至乳白色，分次加入20克全蛋搅拌均匀，倒入120克低筋面粉和20克可可粉的混合物，搅拌成团即可。

乳酪夹心制作过程：

1. 将蔓越莓切碎。

2. 将乳酪和糖搅拌均匀。

3. 加入切好的蔓越莓和巧克力，装入裱花袋备用。

制作过程:

1. 将面团原料中的干性材料和湿性材料搅拌均匀。

2. 打至面团基本扩展、表面光滑的状态。

3. 分次加入黄油,慢速搅拌至黄油完全融进面团。

4. 继续搅打至完全扩展,能拉出薄膜的状态。

5. 将出面温度控制在22℃~28℃,在室温(20℃~24℃)下基础醒发40分钟。

6. 将面团分割成每个50克。

7. 滚圆,以手掌内侧往中间收力,然后松弛15分钟。

8. 取出一块面团,包馅,底部收紧。

9. 准备10克的巧克力酥粒,放在八角模具底部,表面喷水。

10. 放入包好馅料的面团,醒发至1.5倍大,以上火180℃、下火230℃烘烤15分钟。

注意事项:

1. 巧克力酥粒放入模具后要在模具底部喷点水,让酥粒烘烤过程中与主体面团粘接起来,不然很容易脱落。

2. 烘烤过程中,面团会急速膨胀,所以面团厚一点较好。

第十一节　艺术面包

一、艺术面包

2017年阿布扎比烘焙项目模块G：装饰作品：艺术面包——蔡叶昭获奖作品

白色面团原料：

糖水（糖和水1∶1）500克，T55面粉750克

制作过程：

1. 将糖水烧开至100℃~105℃。

2. 冷却糖水，将面粉和糖水慢速混合搅拌均匀。

黑色烫面原料：

糖水950克，黑麦粉1000克，可可粉80克

黑色烫面制作过程：

1. 将糖水烧开。

2. 加入黑麦可可粉里，快速搅拌均匀。

配件制作过程：

1. 将所有硅胶模具喷油。

2. 将白色面团塞进去。

3. 放入烤箱，以上下火各150℃，烘烤至颜色均匀即可。

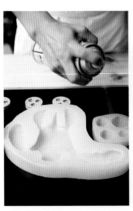  

小面包制作过程：

将小可颂、小德国结等小面包放入烤箱，以上下火各150℃烘烤均匀即可。

船舵、小圆片、底部支架类制作过程：

1. 用黑麦烫面擀一块面皮，用滚轮针在上面打孔。

2. 制作船舵的圆片：用圈模压制。

3. 用黑色烫面制作一个椭圆形面片，切出一个缺口。

4. 用手雕刻两个相等大小的底部支架。

5. 用手搓一个一头粗一头细的小圆柱。

6. 将以上制作完成的小配件放入烤盘，入炉以上下火各150℃ 烘烤至颜色均匀即可。

底座、水母制作过程：

1. 取一块白色面团，擀开呈圆形，将边缘往上收紧。

2. 用面塑棒均匀地将水母面压出纹路。

3. 用锡纸捏一个圆团，放在白色面团上面，使面团成形，准备烘烤。

4. 分别用黑白面团搓两条一样的长条，编成麻花状，如下图所示。

5. 将搓好的麻花放在圆盘上，准备进行烘烤。

6. 擀一块白色的面皮，厚度在0.1～0.2毫米。

7. 用刻刀刻出水母的样子，20个左右，大小不一。

8. 放在装有玉米淀粉的烤盘里，定形。

9. 用法式面团搓出若干长条，醒发好。

10. 用剪刀剪成麦穗形状，入炉以上火230℃、下火210℃烘烤15分钟即可。

总支架制作过程:

1. 分出一块黑麦面团,搓出大头角,弯出半弧状,大头一边戳一个洞,表面划出条纹状,如图所示。

2. 搓一条由粗变细的长条;再搓两条较细的长条,将两条搓成麻花状;将麻花状长条缠在由粗变细的长条较细的一端,弯成半弧状。

3. 搓一根两头一样粗、中间偏细的长条,两头缠细线;再搓一条头粗尾细的长条,搭在前一条上面,用细线缠在一起,如下图所示。

4. 搓出一头大、一头小的圆柱,压平,一头戳洞,表面划上刀口,放入烤盘,以上下火各150℃烘烤至上色即可。

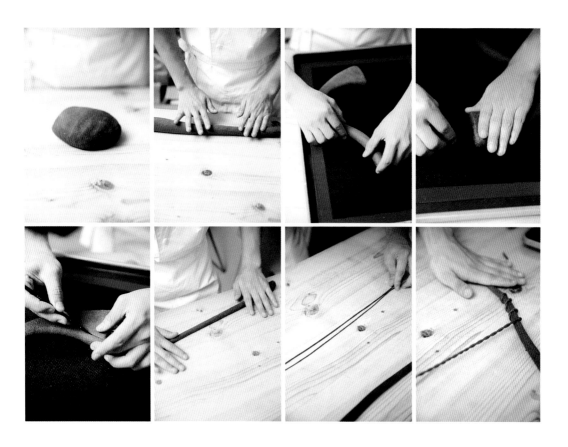

鱼线制作过程:

1. 将面搓一根很细长的细条,摆成S形。

2. 将面制成作一个细线,做成鱼钩。

搭建艺术面包制作过程：

煮适量艾素糖糖浆，将艺术面包按照图示进行粘接。

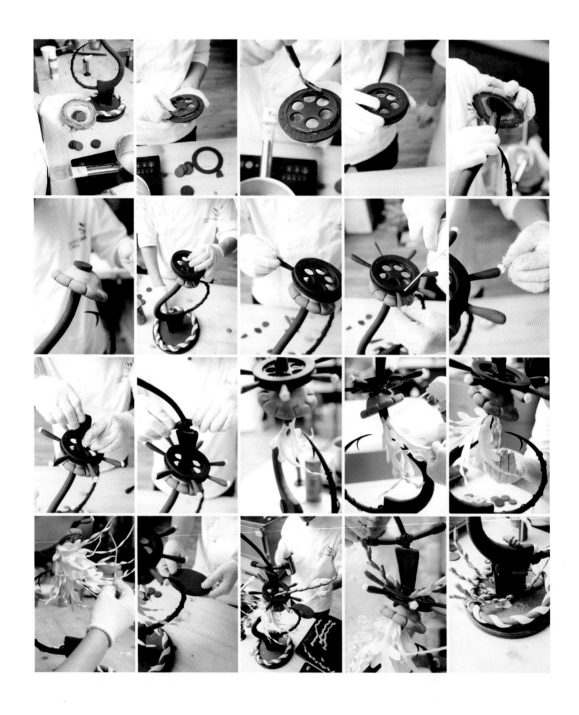

注意事项：

1. 拼接整个作品时要注意安全：艾素糖温度较高，粘接时需要戴手套。

2. 这款艺术面包的搭建需要很好的平衡力，粘接要稳。

3. 糖浆一定要烧开烫面，不然不易成团。

4. 糖水白色面团要完全冷却，不然打面时容易出现面筋，不利于整形。

5. 面团保存需放在温室内不易风干的地方。

二、一千零一夜

糖浆原料：

细砂糖1584克，水924克

糖浆制作过程:

将细砂糖和水一起熬煮至沸腾,放置冷却至常温备用。

白面团原料:

糖浆1070克,T45面粉1550克

白面团制作过程:

将所有材料全部搅拌成团,取出用保鲜膜包好并松弛30分钟。

抹茶色面团原料:

糖浆78克，T45面粉99.7克，抹茶粉4克

抹茶色面团制作过程:

将所有材料全部搅拌成团，取出用保鲜膜包好并松弛30分钟。

红色面团原料：

糖浆78克，T45面粉99.7克，红曲粉4克

红色面团制作过程：

将所有材料全部搅拌成团，取出用保鲜膜包好并松弛30分钟。

茶色烫面原料：

T85面粉（黑麦粉）2000克，可可粉95克，水878克，细砂糖878克

茶色烫面制作过程：

1. 将细砂糖和水一起熬煮至沸腾，另将粉类倒入机器中混合均匀备用。

2. 将煮好的糖浆倒入面粉中搅拌成团（要充分烫至糊化，无干粉状），取出用保鲜膜包好，完全冷却后使用。

预先准备：

1. 糖浆提前煮好冷却。

2. 准备使用的模具，并在模具上喷脱模油。

马赛克底座制作过程：

1. 取600克茶色烫面将其擀开至0.7厘米厚，并在表面用打孔器进行打孔，防止烘焙时起泡。

2. 将其切割成直径为30厘米的圆形。

3. 以上下火各150℃烘烤至面团定形变硬，冷却备用。

4. 分别取100克白色面团和茶色烫面，分别将其擀开至0.2厘米厚。

5. 将擀好的两色面皮分别切割成2厘米×2厘米的小方块。

6. 取烤好的圆形底盘，分别贴上白色和茶色面皮，交错粘贴，呈马赛克状，以上下火各150℃烘烤至面团定形变硬，冷却即可。

圆柱制作过程：

1. 准备一个铁柱直径7厘米（可以用空的八宝粥罐子包上锡纸代替使用）。

2. 取300克茶色烫面将其擀开至0.5厘米厚，并切割成15厘米×20厘米的面片。

3. 将裁好的面片放置在锡纸上（锡纸先喷上脱模油）。

4. 把面片卷在铁柱上，以上下火各150℃烘烤至面团定形变硬，脱模冷却即可。

圆环制作过程：

1. 取110克白色面团将其擀开至0.3厘米厚。

2. 切割成2厘米×3.5厘米的小长形（大约需20片）。

3. 再切割一个直径为10厘米的圆形。

4. 切3条0.1厘米×26厘米的长条，并编制成三股辫，围在直径为11厘米的
圆模具中烘烤（圆模先喷上脱模油）。

5. 以上下火各150℃烘烤至面团定形变硬，颜色呈金黄色，冷却即可。

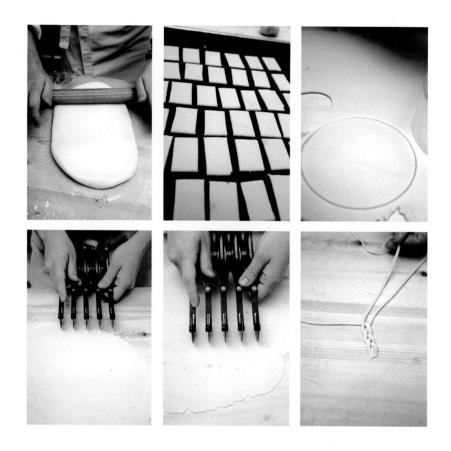

书制作过程：

1. 取3500克茶色烫面将其擀开至1.3厘米厚，并在表面用打孔器进行打孔，防止烘焙时起泡。

2. 将其切割成3块19厘米×19厘米的正方形，制成书芯。

3. 取1000克茶色烫面将其擀开至0.4厘米厚，并将其切割成2块21厘米×21厘米的正方形，制成书壳，1块为6厘米×21厘米的长方形，制成书脊。

4. 以上下火各150℃烘烤至面团定形变硬，冷却备用。

书芯制作：

5. 取一块烤好的书芯，表面贴上白面团。

6. 将第二块贴于第一块表面，并在表面贴上白面团。

7. 将第三块贴于第二块表面，并以上下火各150℃烘烤至面团定形变硬，冷却备用。

8. 将烘烤好的"步骤7"，用锉刀打磨平整。

9. 取200克白色面团将其擀开至0.1厘米厚，先切割一块19厘米×19厘米的正方形备用，剩余面皮表面用切面刀切出书页纹。

10. 将书页纹贴于打磨好的书芯侧面，大小尺寸和书芯一致（贴三面）。

11. 将切好的正方形面皮贴于表面，以上下火各150℃烘烤至面团定形变硬，颜色烤至淡黄色，冷却即可。

书壳制作：

12. 准备一个翻糖硅胶模具，用适量白面团，压于珍珠型模具中。

13. 取出，贴于烤好的书壳两边。

14. 用适量白面团，压于玫瑰花形和叶子模具中。

15. 取出，贴于书壳中间处。

16. 用适量白面团，压于花边形模具中。

17. 取出，贴于书壳两边。

18. 完成后，入烤箱，以上下火150℃烘烤至面团定型变硬，颜色烤至淡黄色，冷却即可。

书页制作：

19. 取130克白色面团，将其擀开至0.1厘米厚。

20. 切割成3块19厘米×19厘米的正方形。

21. 放置在锡纸上，自然弯曲，以上下火各100℃烘烤至面团定形变硬，颜色烤至米白色，冷却即可。

支架与神灯制作过程：

1. 取100克茶色烫面，用手将其搓成一头略粗一头细，长80厘米。

2. 将其摆放在垫有硅胶垫的烤盘中，呈微"S"形（弧度微小），以上下火各150℃烘烤至面团定形变硬，冷却备用。

3. 取90克茶色烫面，搓成一头略粗一头细，长80厘米，搓成5条。

4. 将5条并排放，缠绕在烤好的"S"形支架上。

5. 将剩余部分面团缠绕在尾端，以上下火各150℃烘烤至面团定形变硬，冷却即可。

6. 准备神灯硅胶模具，喷上脱模油，取适量白面团压于模具中，以上下火各150℃烘烤至面团定形变硬，颜色烤至金黄色，脱模冷却即可。

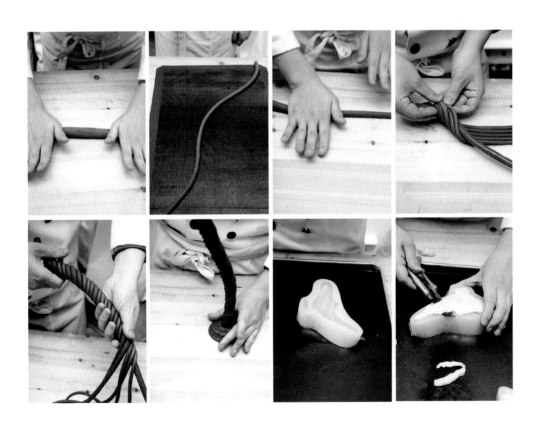

马刀制作过程：

1. 准备马鞍形硅胶模具，喷上脱模油，取适量白面团压于模具中，以上下火各150℃烘烤至面团定形变硬，颜色烤至金黄色，脱模冷却即可。

2. 取150克白面团，擀压至0.3厘米厚，用模具裁成两片弯刀状。

3. 用手捏出刀刃。

4. 在剩余面皮上割出刀柄。

5. 在刀柄两端各放置搓好的小球，以上下火各150℃烘烤至面团定形变硬，颜色烤至金黄色，冷却即可。

6. 准备一些融化的艾素糖，在弯刀的一面抹上艾素糖。

7. 将烤好的两片弯刀错开粘接在一起。

8. 取适量抹茶色面团，搓成两根长条形，并扭成麻花形。

9. 将其缠绕在粘好的弯刀上。

10. 放于垫有硅胶垫的烤盘中，以上下火各150℃烘烤至面团定形变硬，冷却即可。

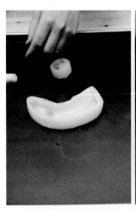

美人花与叶子制作过程：

花心制作：

1. 准备人脸模具，喷上脱模油。

2. 取适量白面团压于模具中，以上下火各150℃烘烤至面团定形变硬，颜色烤至金黄色，脱模冷却即可。

3. 取50克白面团，擀压至0.05厘米厚，裁割成长3厘米、宽0.4厘米的等腰三角形。

4. 将其摆放在弯好的铁模中，以上下火各150℃烘烤至面团定形变硬，颜色烤制米黄色，冷却脱模即可。

花瓣与叶子制作：

5. 准备锡纸，裁成3厘米×4厘米大小，并在锡纸上喷上脱模油。

6. 取100克白面团，擀压至0.05厘米厚，用牡丹花瓣模具压出花瓣。

7. 将花瓣边缘用球刀滚薄。

8. 放置在锡纸上。

9. 用硅胶纹路压模压出纹路。

10. 以上下火150℃烘烤至面团定形变硬，颜色烤至米黄色，冷却脱模即可。

11. 取50克抹茶色面团，擀压至0.05厘米厚，用叶子模具压出叶片，后续做法与花瓣一样，以上下火各150℃烘烤至面团定形变硬，冷却脱模即可。

12. 用适量茶色烫面，制作出花托，以上下火各150℃烘烤至面团定形变硬。

皇冠制作过程：

1. 取200克白面团，擀压至0.3厘米厚，用模具压出皇冠帽壳。

2. 将其摆放在弯好的铁模中，以上下火各150℃烘烤至面团定形变硬，颜色烤至金黄色，冷却脱模即可。

3. 准备帽芯锡纸球，并喷上脱模油，取200克红色面团，擀压至0.3厘米厚，包裹在锡纸球上，制成皇冠帽芯。

4. 以上下火各150℃烘烤至面团定形变硬，脱模冷却即可。

5. 取200克白面团，擀压至0.2厘米厚，裁成2厘米×30厘米的长方形面皮，将面皮围在喷上脱模油的圆模上（圆模直径为10.5厘米），呈圆环形状。

6. 以上下火各150℃烘烤至面团定形变硬，颜色烤至金黄色，脱模冷却即可。

7. 在剩余的白面片中裁出皇冠十字架。

8. 以上下火各150℃烘烤至面团定形变硬，颜色烤至金黄色，冷却即可。

9. 在擀好的白面片中，裁出直径为11厘米的圆，以上下火各150℃烘烤至面团定形变硬，颜色烤至金黄色，冷却即可。

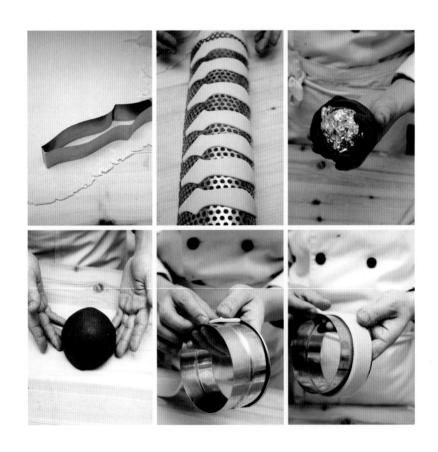

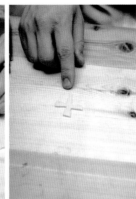

线条制作过程：

1. 取适量白面团，将其搓至中间粗两端细，搓三条，其中一条略粗。

2. 将三条的中尾端扭在一起，呈麻花状。

3. 将另一端弯曲摆放。

4. 入烤箱，以上下火各150℃烘烤至面团定形变硬，颜色烤至金黄色，冷却即可。

5. 取适量茶色烫面，将其搓细长，两端细。

6. 摆放成"S"形线条，入烤箱，以上下火各150℃烘烤至面团定形变硬，冷却即可。

小面包制作过程:

1. 取适量白面团,将其搓长。

2. 用剪刀剪开。

3. 摆成弯曲麦穗状。

4. 擀开一块茶色烫面(0.4厘米厚),切成等腰三角形(3厘米×10厘米)。

5. 卷成可颂状。

6. 取适量茶色烫面,将其搓长,并卷成蚊香状。

7. 表面喷上水，粘上奇亚籽。

8. 可根据喜好，制作一些小面包种类（如辫子、花环等）。

9. 分别摆放在烤盘中，入烤箱，以上下火各150℃烘烤至面团定形变硬，冷却即可。

后续制作过程：

1. 准备适量艾素糖，加热至完全熔化成液态。

2. 取一块圆环片，粘上艾素糖。

3. 准备一个圆形器皿，将圆环片依次进行粘接。

4. 把组合好的圆环粘接在圆片上。

5. 将圆柱粘接在圆环的中心部位。

6. 将辫子粘接在圆环外部。

7. 把圆柱粘接在马赛克底座上。

8. 将书底与书芯粘接。

9. 把书底粘接在圆环上。

10. 在书的侧面粘上书脊。

11. 将书的外壳进行粘接。

12. 将主支架粘接在书上，并在周围粘接一些小面包进行加固。

13. 把大线条粘接在主支架上。

14. 将刀柄粘接在刀上。

15. 将马头刀把粘接在刀柄上。

16. 把拼好的马刀粘接在大线条上。

17. 将皇冠的圆环粘接在圆片上。

18. 将皇冠帽芯粘接在圆片上。

19. 在皇冠帽芯中心粘上小圆球面包，并将帽壳粘接在上面。

20. 平均粘上8瓣帽壳。

21. 将皇冠粘接在主支架上。

22. 在皇冠中心部分粘上小圆球面包。

23. 把皇冠十字架粘接在小圆球面包上。

24. 将人脸粘接在花托中心。

25. 在人脸周围粘上花芯。

26. 在花芯周围均匀地粘上一层花瓣。

27. 粘上第二层花瓣。

28. 粘上四层花瓣，使整体呈长形。

29. 依次拼出几朵小花苞。

30. 将美人花粘接在主支架上。

31. 将神灯粘接在书的中心处（马刀与主支架中间）。

32. 将3片书页粘接在书上，呈打开状，另在美人花的周围粘上线条。

33. 将小花苞粘接在刀尖处。

34. 在小花苞的周围粘上麦穗和小线条。

35. 在小花苞的周围粘上叶子。

36. 在大线条的左下侧粘上小花苞。

37. 在小花苞的周围粘上叶子。

38. 在大线条的右下侧粘上一片叶子。

39. 在神灯后侧粘接一个小花朵，增加细节。

40. 在小花苞的周围粘上一些小线条。

41. 将一些小面包粘接在马赛克底座上，增加细节。

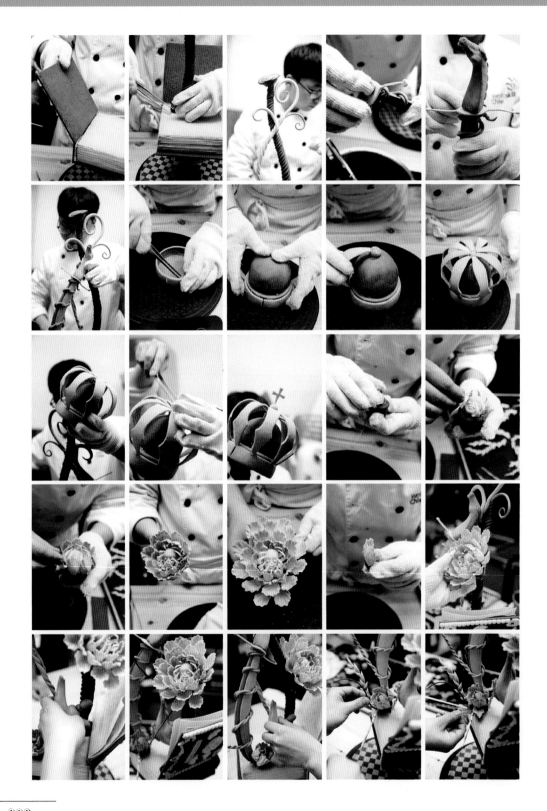

注意事项：

1. 制作烫面面团时，糖浆一定要烧开，搅拌至无干粉。

2. 糖浆一定要完全冷却后使用，不然搅拌面团时易出现面筋，不利于整形。

3. 面团制成后，一定要密封保存，避免风干。

4. 组装拼接作品时，一定要注意安全，艾素糖温度较高，拼接时戴线手套，避免烫伤。

5. 组装拼接时，需借助冷凝剂来快速将糖冷却。

6. 粘接时，艾素糖不宜过多，要确保作品干净整洁。

7. 粘接艺术面包时，要找好平衡，粘接要牢。

第八章

附　录

世界技能大赛相关术语

英　文	英文缩写	参考译法
Access Programme		准入计划
Assessment Advisor	AA	（世界技能组织）测评顾问
Assessment Strategy		测评策略
Chief Executive Officer	CEO	首席执行官
Chief Expert	CE	首席专家
Code of Ethics and Conduct		道德和行为准则
Compatriot Support Expert	CSE	本成员体支持专家
Competition		大赛

续表

英　文	英文缩写	参考译法
Competitions Committee	CC	竞赛委员会
Competitions Committee Representative	CCR	竞赛委员会代表
Competitions Committee Management Team		竞赛委员会管理小组
Competition Organizing Guide		大赛组赛指南
Competition Preparation Week	CPW	大赛准备周
Competition Rules		竞赛规则
Competitor	C	选手
Constitution		章程
Demonstration Skill		展示项目
Deputy Chief Expert	DCE	副首席专家
Expert	E	专家
Experts with Special Responsibilities	ESR	特殊职责专家
External Assessment		外部测评
General Assembly	GA	（全体成员）大会
Global Partner	GP	全球合作伙伴
Health and Safety Manual		健康安全手册
Heats and Finals		预赛与决赛
Infrastructure List	IL	材料和设备清单
Intergrated Assessment		综合测评

英　文	英文缩写	参考译法
Intergrated Assessment Pilot Project		综合测评试点项目
Interpreter	I	（技术）翻译
Interpreter Pool		翻译库
Judgement		评价（评分）
Jury		裁判团
Jury President	JP	裁判长
Jury President Team Leader	JPTL	裁判长小组组长
Marking Scheme		评分规则
Measure		测量（评分）
Member		成员体
Occupational Health and Safety Regulations	OHSR	职业健康安全规定
Official Delegate	OD	行政代表
Official Observer	OO	行政观察员
Observer	O	观察员
Quality Auditor	QA	质量检查员
Skill Advisor	SA	技能顾问
Skill Competition Managers	SCM	技能竞赛经理
Skill Management Team	SMT	技能管理小组
Skill Management Plan	SMP	技能大赛管理计划表

续表

英　文	英文缩写	参考译法
Technical Committee	TC	技术委员会
Technical Delegate	TD	技术代表
Technical Delegate Assistant	TDA	技术代表助理
Technical Description		技术说明
Technical Working Group Meeting	TWG	技术工作组会议
Team Leader	TL	领队
Technical Observer	TO	技术观察员
Test Project		赛题
the Board of Directors		执行局
Worldskills Competition	WSC	世界技能大赛
Worldskills International	WSI	世界技能组织
Worldskills Standards Specification		世界技能标准规范
workshop		比赛场地
Workshop Manager	WM	（比赛）场地主管
Workshop Manager Assistant	WMA	（比赛）场地主管助理
Worldskills Champion Trust	WSCT	世界技能冠军信托基金会
Competition Information System	CIS	竞赛信息系统

2017 年烘焙项目考试项目

内容

这份测试项目提议包含以下文件：

WSC2017_TP47_pre_EN.doc

简介

每位选手有16小时30分钟的时间来完成烘焙项目的所有模块。

C1 —— 5 小时

C2 —— 4.5 小时

C3 —— 4 小时

C4 —— 3 小时

每位选手的工位和比赛顺序由世界技能官方随机分配。在比赛前两个月会在论坛里面公布视频。

神秘辫子技术、客户指令、神秘面包和神秘馅料一起组成测试项目的30%的未知部分。否则，专家们可以在比赛前四天一起讨论进一步的变化。

在比赛前四天所有专家可以针对模块E的神秘篮子提出议案。

在比赛前四天所有专家必须对模块B辫子面包技术提出议案。

客户指令将来源于世界技能官方。

两组选手将会有各自不同的神秘馅料材料。

对于神秘面包，两组选手将会被提供相同的神秘篮子材料。

神秘馅料的材料将会在比赛前两天由专家抽签决定。

神秘面包的神秘篮子将会在比赛第一天给到。

选手可以在任何一天做任何模块的准备。

各模块完成后的产品需要在指定时间内呈现在选手的展示桌上。

选手作品集

每位选手要给每位专家提供一本作品集，包括：

● 标题页。

● 选手简介。

● 选手自带原材料的描述，包括原材料的用途。

● 选手计划制作的所有面团、馅料和产品的配方。选手也可以放上草图或者照片。

项目和任务描述

C1 —— 第一天

模块A：准备

选手需要准备一份简单的作品集（用英语），描述选手在比赛中即将制作的所有模块（模块A-I）的所有产品。

选手可以在比赛第一天作出工作计划和准备工作。（准备工作可以包含所有产品，只要不将产品完成）

选手会得到一个客户指令。选手要作好所有的准备来实现客户的愿望，在第二天比赛结束前将产品完成。这包括创建配方和产品草图。配方和所画的草图需要在比赛第一天给到专家。产品需在比赛第二天完成。

以下是一个客户指令的例子——一款特殊场合的面包。

模块B： 辫子技术（神秘）

每位选手需要做出若干数量的某种辫子面包。

所有专家都需要提出一种辫子面包的指令。内容需要包括成品图以及如何编织的过程图片。专家们检查所有的辫子技术并从中选出至少5种用来抽签。

在比赛前两天抽签决定一种辫子面包。选手会在抽签当天获得指令描述内容。

需求：

配方：1000克面粉中至少要有150克黄油。

除了WSAD17中提供的麦芽制品以外，不能使用改良剂。

完成的产品需要在比赛第一天呈现在展示桌上。

作品集里面呈现的配方是一个基础配方。面团的多少会根据抽签的结果而变化。

以下是给到选手的辫子技术指令描述的一个例子。

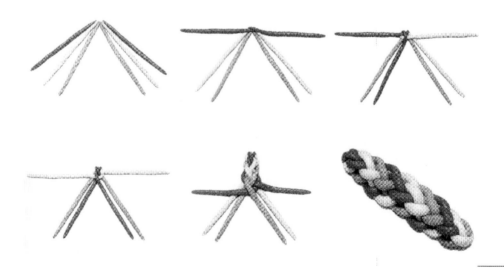

模块C： 风味产品

咸派:

选手自行选择风味，所有咸派同一种风味。

15 x ϕ10（10~12）厘米。

佛卡夏面包面团

除了WSAD17中提供的麦芽制品以外，不能使用改良剂。

选手需要用这些面团制作出6个佛卡夏面包，风味全部相同。

面包烤后重量为500克。

为比赛第四天准备佛卡夏三明治面包。三明治的面包需要在比赛第一天做好，一直保存到第四天。

三明治的面包可以和佛卡夏面包的风味不同，但是所有的三明治面包必须是同一种风味。

C2 —— 第二天

模块D：面包

小麦面包

10条600克（面团重量）的面包。

除了WSAD17中提供的麦芽制品以外，不能使用改良剂。

不能增加其他风味。

3种不同形状的面包

3×600克，自由形状。

3×600克，自由形状。

4×600克，符合阿布扎比主题。

黑麦面包

黑麦面团中至少要有60%的黑麦。

面团需用老种面和酵母共同制作而成。

除了WSAD17中提供的麦芽制品以外，不能使用改良剂。

面包天然无添加，不允许添加任何水果、坚果等。

12个相同形状的面包。烤后重量为500克。

模块E：神秘面包

装有原材料的神秘篮子将在比赛第一天给到。

24个相同形状的面包。

烤后重量为90~100克。

面包只能在多功能烤箱中烘烤。

面包要在比赛第二天和配方一起呈现。

C3 —— 第三天

模块H：千层面团（发酵）

选手要用千层面团制作4种不同的产品。

可颂

15个可颂，烤后重量为50~60克。

丹麦

2种不同的丹麦，每种做15个。

产品需在烤前或烤后填入馅料或做顶部装饰。

每个成品的烤后重量需在70~85克。

1种丹麦制品，制作15个，风味馅料。

烤后重量需在70~85克。

模块G：装饰作品

艺术面包需用宣传模块I制作的佛卡夏三明治。至少一种三明治需要融入艺术面包里面去。佛卡夏三明治需要在比赛第四天展示出来。

每位选手都需要用到两种面团，一种含有酵母、另一种不含酵母。最大尺寸：60厘米×60厘米×80厘米。

传统烘焙店通常使用的技术工具都可以使用。只有在比赛期间制作且烘烤过的可食用元素可以用来组装艺术面包。

艺术面包需要一直到第四天比赛结束后保持不坏。

选手需要在第四天呈现艺术面包。选手要说出艺术面包背后创作理念，如何放到杂志中以及它可以怎样帮助售卖产品。演讲时间2分钟（不包括翻译）。

艺术面包将在第四天的3小时比赛后直接展示出来。

C4 —— 第四天

模块F：甜味布里欧修产品

面团是丰富甜面团（面团不允许开酥）。

4种，每种15个。

1种必须是无馅。

2种自行选择馅料。

1种的馅料要用神秘材料制作，这种材料必须是主要风味。

无馅的烤后重量在40~50克。

含馅的烤后重量在60~80克。

馅料需在烘烤前制作完成。

只有中性果胶和杏桃果胶可以在烤后刷在表面，烤后不允许进行其他装饰。

模块I：三明治

三明治

选手要用第一天制作的佛卡夏三明治面包制作10个三明治。

三明治的总重量为150克。

至少有一个三明治需要和模块G的艺术面包放在一起并宣传。

最后呈现

在第4天比赛结束后需要在展示桌上作出最后呈现。

每个模块至少要有一个产品展示出来。

其余带入的产品或者装饰品都不允许用来摆台。

专家们可以给选手提供一个例子，以便使每位选手的摆台桌看起来一样。

所需的设备、机器、装置和材料：选手可以根据设备设施清单里面的设备和原材料来完成测试项目。

（注：设备设施清单是指由主办国提供的设备、机器、装置和材料，不包括选手和专家准备的工具和材料）

2019 年烘焙项目考试项目

测试项目简介
Introduction to Test Project

这个测试项目的目的是在给定的时间范围内，以及广泛的产品范围内挑战面包师。在烘焙行业中，需要制作的产品类型涵盖了各种各样的产品。烘焙师技术精湛，对如何适应不同的原料和烘焙设备 / 机械有很好的知识水平。这个测试项目的某些部分只有在竞争对手竞争之前才能发现。其余的比赛可以准备和补充实践的细节，以完善自己的产品。

This Test Project is designed to challenge the baker in a wide range of products through out the given timeframe. The type of products required to be made cover a diverse range of products in our Baking Industry. Bakers are highly skilled and have a good level of knowledge on how to adapt to different ingredients and bakery equipment/machinery. There are aspects of this Test Project that the Competitors will only find out before they compete. The rest of the competition can be prepared for and practiced in detail to perfect their products.

简介
Introduction

这个项目测试的是让烘焙选手制作各种不同的面包产品，产品如世界技能标准规范（WSSS）部分所述。

比赛分两班进行。总比赛时间为15小时，这可以从技能管理计划（SMP）中看出。

第一组将在比赛第一天比赛（9.5小时，30分钟午休）和比赛第二天比赛（6.5小时，30分钟午休）。

第二组将在比赛第三天比赛（9.5小时，30分钟午休）和比赛第四天比赛（6.5小时，30分钟午休）。

国家比赛的场次分配将在赛前两天宣布。此项目的模块将会更改直到赛前两天，同时，神秘模块将会在赛前两天宣布。

这个测试项目让参赛者有机会练习和设计食谱，各国需要在2019年7月25日之前（比赛前四周）完成食物订单。这些材料将从基础设施列表（IL）中选择。

This Test Project is designed to make the bakery competitors produce a wide range of bread products as outlined in the sections of the Worldskills Standards Specification (WSSS).

The competition will be undertaken in 2 shifts. Total competition time is 15 hours, as can be seen on the Skill Management Plan (SMP).

Group 1 compete on C1 (9.5hours competition with a 30minute lunch break taken in this timeframe) and C2 (6.5hours with 30minute lunch break taken in this timeframe)

Group 2 compete on C3 (9.5hours competition with a 30minute lunch break taken in this timeframe) and C4 (6.5hours with 30minute lunch break taken in this timeframe)

Allocation of which countries are competing in which shifts will be announced on C-2. Elements of this project can be changed up until C-2, and mystery elements will be announced on C-2.

This Test Project gives the Competitors a chance to practise and design recipe for which you will need to put a complete food order in for each country by 25th July 2019 (4 weeks prior to competition). These ingredients will be chosen from the Infrastructure List (IL).

选手作业书
Competitors Portfolio

每位选手需要带 5 份作业书（配方文件夹）复印件，其中包括：

● 扉页

● 选手介绍

● 自带材料描述

● 所有产品的配方，包括制作方法

● 与配方相近的每个产品的照片，用以了解选手将要制作的产品风格。（辫子面包和神秘作品不需要照片）

技能竞赛经理将会提供配方的模板。这会让人更加容易理解在赛场提供给专家们的作业书。

Each Competitor must bring 5 copies of their portfolio (recipe folder) which will include

◎ Title page

◎ Competitor introduction

◎ Description of the ingredients they are bringing with them

◎ Recipes for all products and include the method of making the product.

◎ A photo of each product near the recipe so it is known what style of product the Competitor is making. (no photo for braided bread or mystery product required)

The SCM will make a template available that all recipes will be put on to. This will make it easier for everyone to understand when the portfolios are given to Experts at the competition.

项目和任务描述
Description of project and tasks

德国结（碱水面包）：第一天（产品出品时间下午6点）

Pretzel – Day 1 (present product at 6pm)

传统形状 10 个（烘焙后重量 80 克）

10 x traditional shape (80g baked weight)

健康面包：第一天（产品出品时间下午 5 点）
Healthy Bread – Day 1 (present product at 5pm)

50% 全麦面粉，50% 小麦粉，10% 谷物 / 种子，20% 水果。根据面粉总重量为 100% 计算。

不可以用酸面团，改良剂和酶类可以用。

烤后面团重 700g，6 个（自选形状）。

50% wholemeal flour, 50% wheat flour, 10% grain/seeds, 20% fruit, based on total flour weight of 100% .

no sourdough culture in this product. Improver or enzyme is ok.

6 @ 700g baked weight loaves (shape of choice).

法棍：第一天（产品出品时间下午 3 点）
Baguette – Day 1(present product at 3pm)

6 个烤后重量为 280 克的传统法棍（50 厘米长且有 5 个成角度的切口）。
6 个烤后重量为 250 克的自选形状法棒。

6 @280g baked weight traditional style (50cm long with 5 angled cuts) 6 @ 250g baked weight shape of choice.

布里欧修：第一天（产品出品时间下午 4 点）
Brioche – Day 1(present product at 4pm)

（30% 黄油——面粉比例）
10 个烤后重量 60 克的传统无馅（圆形凹槽，顶部有球状物），在风炉中烤制。
10 个成品重量 80 克，咸味，在风炉中烤制。
10 个烤后重量为 70 克 圆形原味（用于有馅三明治的制作），在风炉中烤制。
出品时间为比赛第二天上午 10：30（不可装饰，或烙铁）。
3 个烤后重量为 500 克的辫子面包（形状 1：文森结）。
3 个烤后重量为 500 克的辫子面包（形状 2：两股辫）。

(30% Butter compared to flour weight)
10 @ 60g baked weight traditional unfilled (round in fluted tin with bulb on top), baked in convection oven 10 @ 80g finished weight savoury flavouring, baked in convection oven.

10 @ 70g baked weight round plain (used for making sandwich with filling), baked in convection oven (present) 10:30am.

3 @ 500g baked weight braided bread (shape 1).

3 @ 500g baked weight braided bread (shape 2).

三明治馅料食材（公布）

制作 6 个含相同口味馅料圆布里欧修面包坯用于展示：

马肉 200 克，色拉米 200 克，盐 20 克，黑胡椒 10 克，牛油果 1 个，菠菜叶 100 克，胡萝卜 200 克，黄瓜 200 克，生菜 1/2 棵，Tasty 芝士 200 克，蛋黄酱 100 克，芥末酱 100 克，西红柿 100 克，瑞士芝士 200 克。

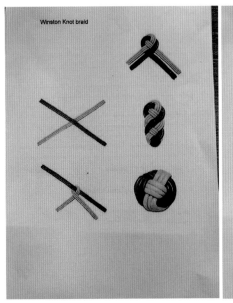

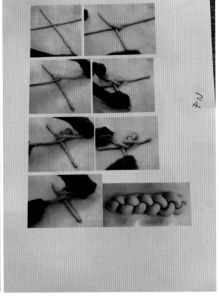

神秘作品：第二天（产品出品时间下午 3 点）

Mystery Product – Day 2 (present product at 3pm)

4 个烤后重量为 800 克面包（任意形状）只可以用以下几种材料：

T55 面粉 500 克，黑麦面粉 4000 克，盐 200 克，干酵母 50 克，水不限量。

4 × 800g aked weight loaves (any shape) using only the following ingredients.

t55 flour 500g, rye flour 4000g, salt 200g, dried yeast 50g, water unlimited.

（不需要用全部材料；提供配方模板并于 C1 交；若有 preferment，需要找人监督完成；不可装饰，只可用已给面粉在上面撒粉）

可颂：第二天（产品出品时间下午 2 点）

Croissant – Day 2 （present product at 2pm）

10 个传统直可颂面包，70 克。

10 个多种颜色的传统直可颂面包，70 克。

10 个有烘烤风味的甜丹麦（允许上釉和撒糖）（烤前加馅）80 克。

10 个有烘烤风味的甜丹麦（烤后加馅）80 克。

(Weights to be confirmed) 10 @ traditional straight style，70g.

10 @ multi coloured traditional straight style shape，70g.

10 @ sweet danish with baked in flavour (glaze and dusting sugar

allowed) 80g.

10 @ sweet danish with post baked flavour，80g.

酸面团或小麦面包：第二天（产品出品时间下午 12 点）
Sourdough or Wheat Bread – Day 2 (present product at 12pm)

（在比赛的第一天必须提供给裁判呈现在作业书中的构成酸面包或小麦面包的 50 克种面或起子和配方）

必须在面团中使用天然酵种，不能使用商业酵母作为酶前体。

不能在最终的面团中使用多于 0.5% 的干酵母或者 1% 的鲜酵母。

3 个烤后重量为 600 克的欧式或维也纳面包（方形，不能用种子）。

3 个烤后重量为 600 克的圆形或者科布面包（可以用种子在外部装饰）。

3 个烤后重量为 600 克的自选形状风格的面包（可以用种子在外部装饰）。

(on 1st day of competition must give judges 50g of mother dough or starter and the recipe to feed it in portfolio) Must use a naturally leavened starter in this dough, no preferment with commercial yeast.

No more than 0.5% dried yeast or 1% fresh yeast may be used in the final dough 3 @ 600g baked weight continental, straight or Vienna style loaves. (plain style, no seeds)

3 @ 600g baked weight round or cobb style loaves. (can use seeds to decorate outside)

3 @ 600g baked weight shape/style of choice. (can use seeds to decorate outside)

艺术面包（海洋主题）：第二天（产品出品时间下午 3:45）
Showpiece (Ocean Theme) – Day 2(present product at 3：45pm)

艺术面包底座必须是 30~40 厘米的方形或圆形。高度应在 70~80 厘米。

里面必须含有活性面团（酵母发酵），主要是死面。

艺术面包必须由选手（可以是专家）从工作台搬运到展台。搬运中必须是一体的。

艺术面包必须由食品级材料组成。

模具和模板可以带入和用于作品。

The base of the showpiece must be between 30-40cm square/round. The height of the showpiece should be between 70-80cm high.

There must be some live dough (yeast raised) in the showpiece, majority dead dough.

The showpiece must be able to be lifted by the Competitor (and possibly Expert) from the workstation onto the display table. It must be lifted in one piece.

All aspects of the showpiece must be comprised of food grade materials. Moulds and templates can be brought and used for this product.

选手指南
Instructions to the Competitor

每位选手不用于评分的作品将会在展台上展示，并且将会在比赛第二天和第四天结束的时候进行外观评价。

如果你的产品没有按时出品，该产品将不会在任何评分项被评分。

Products that aren't used for judging will be displayed on a table for each Competitor and will be judged at the end of C2 and C4 on visual appreance.

If your product is not presented by the required time, this product will NOT be assessed any further on any criteria.

所需设备，仪器，设施和材料
Equipment, machinery, installations, and materials required

请参考技术描述，章节5.10 (pg17), 7 (pg19), 8.1 and 8.2 (pg20), 8.3 (pg21)。用以查看可以带入比赛的物品。

设备清单将在设备确定时更新。配料也会列在上面，你可以从中选择。

Please refer to the Technical Description, Section 5.10 (pg17), 7 (pg19), 8.1 and 8.2 (pg20), 8.3 (pg21). This is to see what you are allowed to bring to the competition.

The IL is being updated as equipment is confirmed. Ingredients will be listed on there also with what you can choose from.

评分方案

请参阅技术说明中不同部分的评分标准。

模块编号	模块名称	%
1	工作组织和交流	8
2	食品卫生和工作场所的健康，安全和环境	8
3	强化营养面包	12
4	小麦面包	25
5	层压面团、糕点	20
6	健康 / 特色面包	12
7	装饰面包	15
共　计		100

Marking Scheme

Please see the marks awarded in different sections as mentioned in the Technical Description.

Section No.	Section Title	%
1	Work organisation and communication	8
2	Food hygiene and workplace health, safety, and environment	8
3	Enriched breads	12
4	Wheat breads	25
5	Laminated doughs/pastries	20
6	Healthy/specialty breads	12
7	Decorative breads	15
Todal		100

2019 年张子阳作业书
（2019 年世界技能大赛获奖作品）

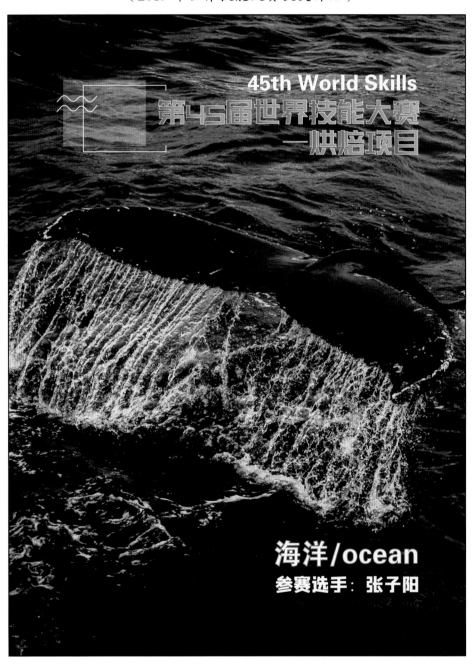

45th World Skills
第45届世界技能大赛
——烘焙项目

海洋/ocean
参赛选手：张子阳

作 / 业 / 指导书

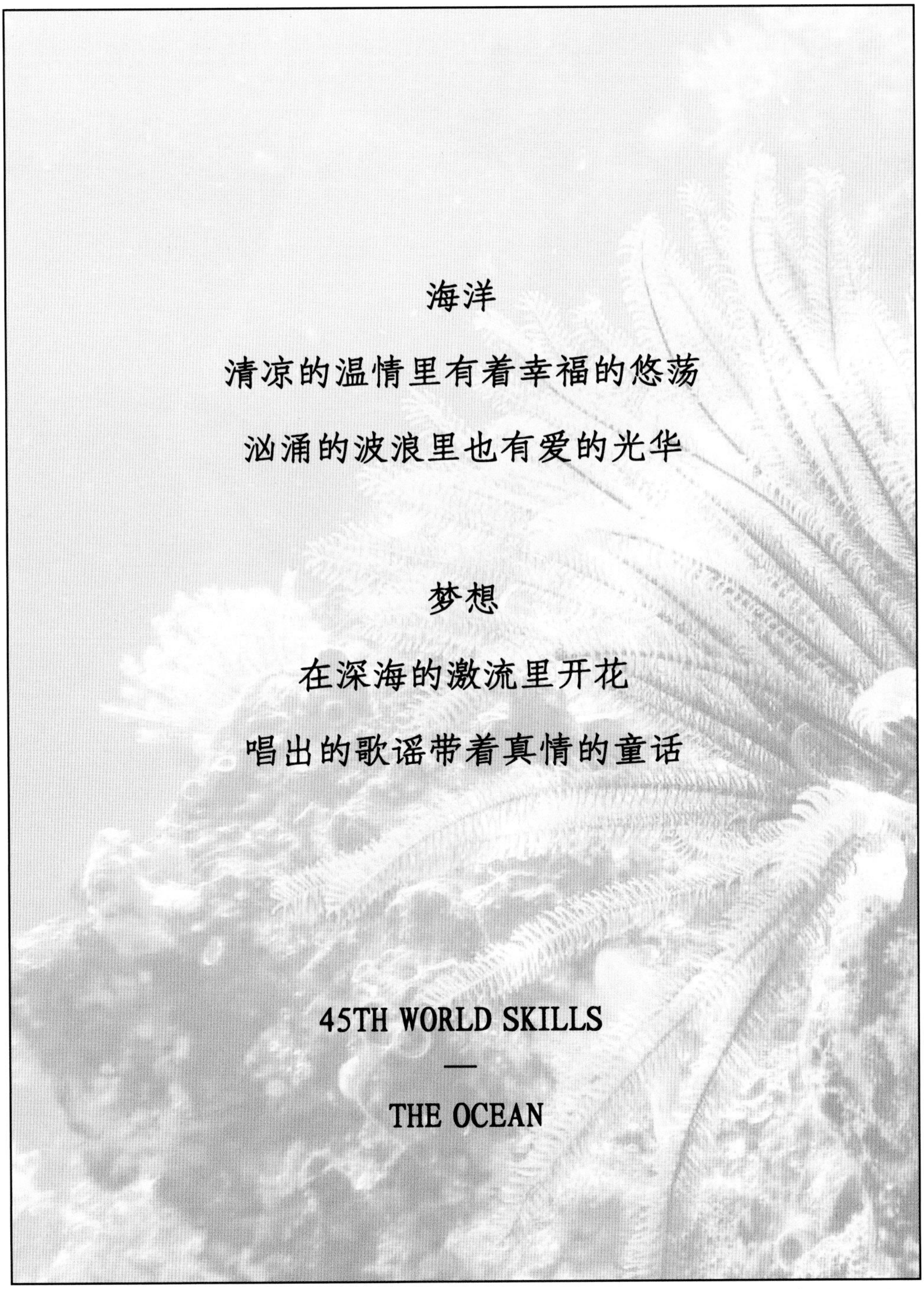

海洋

清凉的温情里有着幸福的悠荡

汹涌的波浪里也有爱的光华

梦想

在深海的激流里开花

唱出的歌谣带着真情的童话

45TH WORLD SKILLS

—

THE OCEAN

参赛选手：张子阳
Competitor : Ziyang Zhang
参赛代表队：王森国际咖啡西点西餐学院

参赛选手出生年月：1999年2月19日
指导教练：（略）

01 所需工具 TOOL LIST

名称 ITEM	品牌 BRAND	数量 QTY	单位 UNIT	名称 ITEM	品牌 BRAND	数量 QTY	单位 UNIT
电子秤 DIGITAL SCALE	花潮 HOCHOICE	1	台 SETS	雕刻刀 CARVING KNIFE		2	把 PCS
透明醒发箱 PROOFING CONTAINER		10	个 PCS	打蛋器 WHISK		1	个 PCS
小量杯 MEASURING CUP (S)		2	个 PCS	圈模 CIRCULAR MOULDS	三能 SANNENG	1	套 SETS
大量杯 MEASURING CUP (L)		1	个 PCS	网筛 SIFTER		3	把 PCS
牛角刀 KITCHEN KNIFE	三能 SANNENG	2	把 PCS	碱水收纳盒 LYE SOLUTION CONTAINER		2	个 PCS
菜板 CHOPPING BOARD		1	套 SETS	转盘 REVOLVING BASE		1	个 PCS
剪刀 SCISSORS		1	把 PCS	钢尺 STEEL RULER		1	把 PCS
锉刀 SANDING TOOL		2	把 PCS	帆布 CANVAS CLOTH	三能 SANNENG	5	张 SHEETS
锯齿刀 BREAD KNIFE	三能 SANNENG	1	把 PCS	法棍刀 BAGUETTE KNIFE	三能 SANNENG	3	个 PCS
喷水壶 BOTTLE SPRAY	宜家 IKEA	4	个 PCS	面粉收纳盒 FLOUR CONTAINER		1	个 PCS
刀片收纳盒 BLADE CONTAINER		1	个 PCS	转移板 TRANSFERING BOARD	三能 SANNENG	1	块 PCS
面条机 PASTA MACHINE		1	台 SETS	粉铲 FLOUR SCOOP		1	个 PCS
熔铁头 BRANDING IRON		1	个 PCS	捏塑棒 MOULDING TOOL		1	套 SETS
切面刀 DOUGH CUTTER	三能 SANNENG	5	个 PCS	面包铲 OVEN PEEL	三能 SANNENG	1	个 PCS
大糖锅 SUGARWORK POT (L)		1	个 PCS	多功能滚刀 ROLLER CUTTER	三能 SANNENG	1	把 PCS
小糖锅 SUGARWORK POT (S)		1	个 PCS	打孔针 HOLE-PUNCHING PIN	三能 SANNENG	1	个 PCS
橡皮刮刀 RUBBER SPATULA	三能 SANNENG	1	个 PCS	拉网刀 ROLLER MESH CUTTER	三能 SANNENG	1	个 PCS
大汤勺 TABLE SPOON		1	个 PCS	料盆 BOWL	三能 SANNENG	5	个 PCS
小抹刀 PASTRY KNIFE	三能 SANNENG	1	个 PCS	充电器 CHARGER		1	个 PCS
剥皮刀 PEELER		1	个 PCS	小烤盘 BAKING CUTTER (S)	三能 SANNENG	3	个 PCS
细末刀 NARROW PALLETTE KNIFE	三能 SANNENG	1	个 PCS	冰袋 ICE BAG		3	块 PCS
筷子 CHOPSTICKS		1	双 PAIRS	火枪头 BLOW TORCH	山谷 SHANGU	1	个 PCS
柠檬榨汁机 LEMON JUICER		1	个 PCS	压蒜器 GARLIC CRUSHER		1	个 PCS
切丁机 DICER		2	个 PCS	木板 WOODEN BOARD		5	张 PCS
黑胡椒研磨器 PEPPER GRINDER		2	个 PCS	人鱼锡纸模具 MERMAID FOIL MOULD		1	个 PCS
开瓶器 BOTTLE OPENER	三能 SANNENG	1	个 PCS	艺术面包硅胶模具 SHOWPIECE SILICONE MOULD		1	套 SETS
长方形亚格力 RECTANGULAR ACRYLIC		2	套 SETS	艺术面包亚格力模具 SHOWPIECE ACRYLIC MOULD		1	套 SETS
卷尺 TAPE MEASURE		1	个 PCS	圆柱硅胶模具 CYLINDER SILICONE MOULD		1	个 PCS
铁切面刀 DOUGH CUTTER (METAL)		1	个 PCS	半圆硅胶模具 SEMI-CIRCLE MOULD		1	个 PCS
温度计 THERMOMETER		1	个 PCS	圆锥硅胶模具 CONE MOULD		1	个 PCS
擀面杖 WOODEN ROLLING PIN	三能 SANNENG	1	个 PCS	火焰模具 ACRYLIC MOULD (FLAME SHAPE)		5	个 PCS
滚轴 STAINLESS STEEL ROLLING PIN	三能 SANNENG	1	个 PCS	洋葱模具 BRIOCHE TIN (ONION SHAPE)		10	个 PCS
计时器 TIMER	三能 SANNENG	3	个 PCS	菊花模 TRADITIONAL BRIOCHE TIN (ROUND)		10	个 PCS
毛刷 BRUSH	三能 SANNENG	5	把 PCS	圆形不粘磨具 ROUND NON-STICKY TIN		10	个 PCS
大粉刷 FLOUR BRUSH (L)		1	个 PCS	网格硅胶垫 SILICONE MESH MAT		10	张 SHEET
硅胶毛刷 SILICONE BRUSH		2	把 PCS				

02 易耗品清单 CONSUMABLES

名称 ITEM	品牌 BRAND	数量 QTY	单位 UNIT
牙签 TOOTH PICK		5	个 PCS
马卡龙笔 EDIBLE MARKER		2	只 PCS
裱花袋 PIPING BAG	GDF	5	个 PCS
一次性手套 DISPOSABLE GLOVES	爱马斯 AMMEX	1	盒 BOX
百洁布 SCOURING PAD		6	块 PCS
深色毛巾 TOWEL (DARK)		10	条 PCS
白毛巾 TOWEL (WHITE)		10	条 PCS
一次性盒子 DISPOSABLE BOX		50	个 PCS
手粉盒子 FLOUR BOX （S)		1	个 PCS
废料盒 WASTAGE STORAGE BOX		2	个 PCS
线手套 STRING KNIT GLOVE		5	副 PAIRS
包面袋 DOUGH WRAPPING BAG		50	袋 BAGS
脱模油 MOULD RELEASE AGENT		1	瓶 BOTTLES
除尘罐 DUSTER SPRAY		2	罐 CANS
冷凝剂 FREEZE SPRAY		2	罐 CANS
气罐 GAS CAN		1	瓶 BOTTLES
保鲜膜 CLING WRAP	PVC	1	盒 BOX
油纸 BAKING PAPER	GDF	1	盒 BOX
湿纸巾 WET WIPE	维达 VINDA	2	包 PACK
厨房纸 PAPER TOWEL	维达VINDA	2	包 PACK
小绿刀 DOUGH CUTTER （GREEN)		5	个 PCS
法棍刀片 BAGUETTE BLADE	GILLETTE	1	盒 BOX

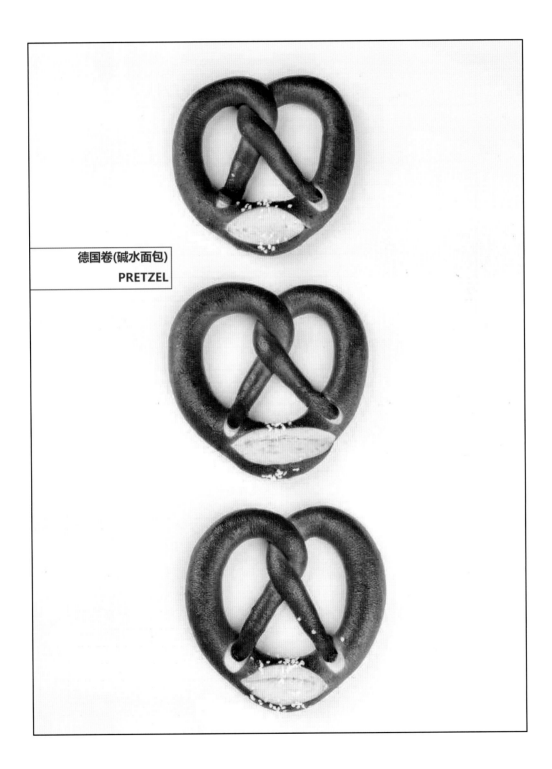

德国卷(碱水面包)
PRETZEL

德国卷(碱水面包)　　　PRETZEL

德国卷（碱水面包）PRETZEL			
材料—Ingredients	%	克—Grams	过敏源 Allergens
T45 - FLOUR T45	100		面筋GLUTEN
水 - WATER	55		
盐 - SALT	4		
鲜酵母 - FRESH YEAST	0.8		
鲁邦种 - STARTER	10		面筋GLUTEN
碱水 - LYE SOLUTION			
氢氧化钠-SODIUM HYDROXIDE		105	
水-WATER		3000	
总计	169.8%	3105	

(RECIPE—配方)

操作流程 - TECHNOLOGICAL PROCESS		
面团搅拌：MIXING	L15	LOW SPEED FOR 15 MIN
面团完成温度: FINAL DOUGH TEMPERATURE	24℃	24℃
基础发酵: FIRST FERMENTATION	10分钟	10 MIN
烘烤温度: OVEN TEMPERATURES	250/230	TOP 250℃/ BOTTOM 230℃
烘烤时间: BAKING TIME	15分钟	15 MIN

(TECHNOGICAL PROCESS—工艺过程)

健康面包
HEALTHY BREAD

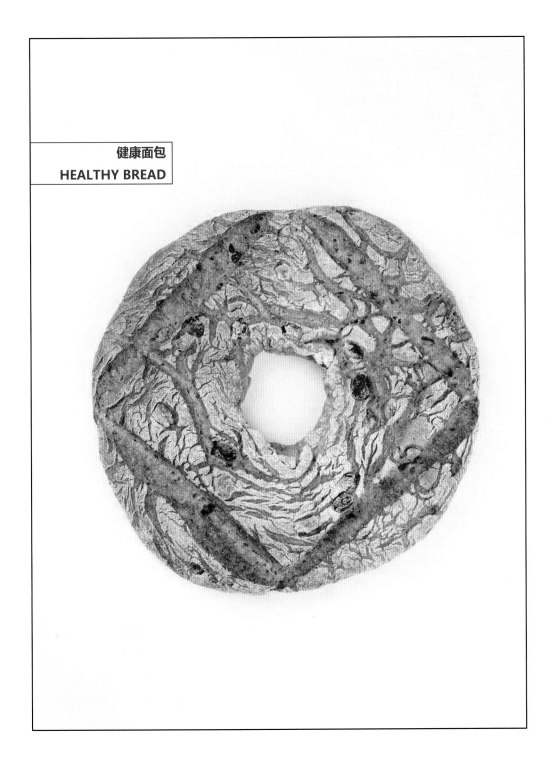

健康面包　　　HEALTHY BREAD

健康面包—HEALTHY BREAD			
材料—Ingredients	%	克—Grams	过敏源 Allergens
全麦粉 - WHOLE FLOUR	50	910	面筋 GLUTEN
T65 - FLOUR T65	50	910	面筋 GLUTEN
盐 - SALT	2	36	
水 - WATER	70	1274	
鲜酵母 - FRESH YEAST	1	18	
谷物 - GRAIN	10	182	面筋 GLUTEN
果干 - DRIED FRUIT	20	364	
鲁邦种 - STARTER	50	910	面筋 GLUTEN
谷物浸泡水 - WATER FOR SOAKING THE GRAIN	20	364	
总计	273%	4968	

RECIPE—配方

操作流程 - TECHNOLOGICAL PROCESS		
面团搅拌：MIXING	L8	LOW SPEED FOR 8 MIN
面团完成温度: FINAL DOUGH TEMPERATURE	24℃	24℃
基础发酵: FIRST FERMENTATION	90分钟	90 MIN
烘烤温度: OVEN TEMPERATURES	260/230	TOP 260℃/ BOTTOM 230℃
烘烤时间: BAKING TIME	25分钟	25 MIN

TECHNOGICAL PROCESS—工艺过程

法棒
BAGUETTE

法棒　　BAGUETTE

RECIPE—配方

法棒—BAGUETTE			
材料—Ingredients	%	克—Grams	过敏源 Allergens
T65 - FLOUR T65	100	1060	面筋GLUTEN
水 - WATER	75	795	
盐 -SALT	1.8	19	
鲜酵母 - FRESH YEAST	1	11	
鲁邦种 - STARTER	40	425	面筋GLUTEN
总计	217.8%	2310	

TECHNOGICAL PROCESS—工艺过程

操作流程 - TECHNOLOGICAL PROCESS		
面团搅拌: MIXING	L8M1	LOW SPEED FOR 8 MIN
		MEDIUM SPEED FOR 1 MIN
面团完成温度: FINAL DOUGH TEMPERATURE	24℃	24℃
基础发酵: FIRST FERMENTATION	60分钟	60 MIN
烘烤温度: OVEN TEMPERATURES	250/230	TOP 250℃/BOTTOM 230℃
烘烤时间: BAKING TIME	28分钟	28 MIN

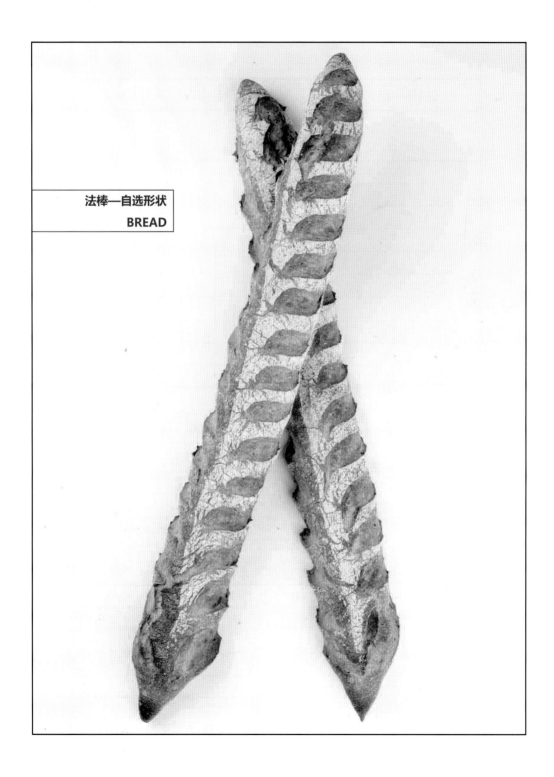

法棒—自选形状
BREAD

法棒—自选形状　　BAGUETTE - SHAPE OF CHOICE

RECIPE—配方

法棒—自选形状　BAGUETTE - SHAPE OF CHOICE

材料—Ingredients	%	克—Grams	过敏源 Allergens
T65	100	964	面筋GLUTEN
水	75	723	
盐	1.8	17	
鲜酵母	1	10	
鲁邦种	40	386	面筋GLUTEN
总计	**217.8%**	**2100**	

TECHNOGICAL PROCESS—工艺过程

操作流程 - TECHNOLOGICAL PROCESS

面团搅拌：MIXING	L8M1	LOW SPEED FOR 8 MIN
		MEDIUM SPEED FOR 1 MIN
面团完成温度: FINAL DOUGH TEMPERATURE	24℃	24℃
基础发酵: FIRST FERMENTATION	60分钟	60 MIN
烘烤温度: OVEN TEMPERATURES	250/230	TOP 250℃/ BOTTOM 230℃
烘烤时间: BAKING TIME	28分钟	28 MIN

布里欧修—传统的无馅

BRIOCHE - TRADITIONAL WITHOUT FILLING

布里欧修—传统的无馅 BRIOCHE - TRADITIONAL WITHOUT FILLING

布里欧修—传统的无陷 BRIOCHE - TRADITIONAL WITHOUT FILLING			
材料—Ingredients	%	克—Grams	过敏源 Allergens
T45 - FLOUR T45	139	50	面筋GLUTEN
T55 - FLOUR T55	139	50	面筋GLUTEN
盐 - SALT	6	2	
砂糖 - CASTER SUGAR	42	15	
鲜酵母 - FRESH YEAST	14	5	
鸡蛋 - EGG	92	33	鸡蛋EGG
牛奶 - MILK	92	33	牛奶MILK
黄油 - BUTTER	83	30	
鲁邦种 - STARTER	56	20	面筋GLUTEN
总计	663%	238	

RECIPE—配方

操作流程 - TECHNOLOGICAL PROCESS

操作流程 - TECHNOLOGICAL PROCESS	
面团搅拌: MIXING	L15M2 LOW SPEED FOR 5 MIN
	MEDIUM SPEED FOR 2 MIN
面团完成温度: FINAL DOUGH TEMPERATURE	25℃ 25 ℃
基础发酵: FIRST FERMENTATION	60分钟 60 MIN
烘烤温度: OVEN TEMPERATURES	170℃ 170℃
烘烤时间: BAKING TIME	12分钟 12 MIN

TECHNOLOGICAL PROCESS—工艺过程

布里欧修—咸味
BRIOCHE - SAVOURY

布里欧修—咸味　　BRIOCHE - SAVOURY

布里欧修-咸味 BRIOCHE - SAVOURY

材料—Ingredients	%	克—Grams	过敏源 Allergens
T45 - FLOUR T45	105	50	面筋GLUTEN
T55 - FLOUR T55	105	50	面筋GLUTEN
盐 - SALT	4	2	
砂糖 - CASTER SUGAR	32	15	
鲜酵母 - FRESH YEAST	11	5	
鸡蛋 - EGG	69	33	鸡蛋EGG
牛奶 - MILK	69	33	牛奶MILK
黄油 - BUTTER	63	30	
鲁邦种 - STARTER	42	20	面筋GLUTEN
总计	**500%**	**238**	

馅料-FILLING

名称- Item	重量 - WEIGHT/G	名称- Item	重量 - WEIGHT/G
红彩椒 RED CAPSICUM	30	白洋葱 WHITE ONION	100
培根 BACON	20	罗勒 BASIL	6
火腿片 HAM	40	欧芹 PARSLEY	7
西葫芦 ZUCCHINI	50	去皮番茄 PEELED TOMATO	400
茄子 EGGPLANT	100	盐 SALT	4
糖 SUGAR	3	黑胡椒 BLACK PEPPER	3
总计			**763**

操作流程 - TECHNOLOGICAL PROCESS

面团搅拌: MIXING	L15M2 LOW SPEED FOR 15 MIN
	MEDIUM SPEED FOR 2 MIN
面团完成温度: FINAL DOUGH TEMPERATURE	25℃　25℃
基础发酵: FIRST FERMENTATION	60分钟　60 MIN
烘烤温度: OVEN TEMPERATURES	170℃　170℃
烘烤时间: BAKING TIME	18分钟　18 MIN

布里欧修—圆的原味
BRIOCHE - ROUND & PLAIN

布里欧修—圆的原味　BRIOCHE - ROUND & PLAIN

配方 RECIPE

布里欧修—圆的原味 BRIOCHE - ROUND & PLAIN			
材料—Ingredients	%	克—Grams	过敏源 Allergens
T45 - FLOUR T45	168	50	面筋GLUTEN
T55 - FLOUR T55	168	50	面筋GLUTEN
盐 - SALT	7	2	
砂糖 - CASTER SUGAR	50	15	
鲜酵母 - FRESH YEAST	17	5	
鸡蛋 - EGG	111	33	鸡蛋EGG
牛奶 MILK	111	33	牛奶MILK
黄油 - BUTTER	101	30	
鲁邦种 - STARTER	67	20	面筋GLUTEN
总计	800%	238	

工艺过程 TECHNOLOGICAL PROCESS

操作流程 - TECHNOLOGICAL PROCESS	
面团搅拌: MIXING	L15M2 LOW SPEED FOR 5 MIN
	MEDIUM SPEED FOR 2 MIN
面团完成温度: FINAL DOUGH TEMPERATURE	25℃　25℃
基础发酵: FIRST FERMENTATION	60分钟　60 MIN
烘烤温度: OVEN TEMPERATURES	170℃　170℃
烘烤时间: BAKING TIME	12分钟　12 MIN

布里欧修—辫子面包（形状一）

BRIOCHE - BRAIDED BREAD (SHAPE 1)

布里欧修—辫子面包（形状一）BRIOCHE - BRAIDED BREAD（SHAPE 1）

RECIPE — 配方

布里欧修-辫子面包（形状一）BRIOCHE - BRAIDED BREAD（SHAPE 1）			
材料—Ingredients	%	克—Grams	过敏源 Allergens
T45 - FLOUR T45	116	50	面筋GLUTEN
T55 - FLOUR T55	116	50	面筋GLUTEN
盐	4.6	2	
砂糖	34.8	15	
鲜酵母	11.6	5	
鸡蛋 - EGG	75.4	32.5	鸡蛋EGG
牛奶 - MILK	75.4	32.5	牛奶MILK
黄油 - BUTTER	70	30	
鲁邦种 - STARTER	46.4	20	面筋GLUTEN
总计	**550.2%**	**237**	

TECHNOGICAL PROCESS—工艺过程

操作流程 - TECHNOLOGICAL PROCESS		
面团搅拌: MIXING	L15M2	LOW SPEED FOR 15 MIN
		MEDIUM SPEED FOR 2 MIN
面团完成温度: FINAL DOUGH TEMPERATURE	25℃	25 ℃
基础发酵: FIRST FERMENTATION	60分钟	60 MIN
烘烤温度: OVEN TEMPERATURES	170℃	170℃
烘烤时间: BAKING TIME	30分钟	30 MIN

布里欧修—辫子面包（形状二）
BRIOCHE - BRAIDED BREAD (SHAPE 2)

布里欧修—辫子面包（形状二）BRIOCHE - BRAIDED BREAD (SHAPE 2)

RECIPE —配方

布里欧修-辫子面包（形状二）BRIOCHE - BRAIDED BREAD (SHAPE 2)			
材料—Ingredients	%	克—Grams	过敏源 Allergens
T45 - FLOUR T45	116	50	面筋GLUTEN
T55 - FLOUR T55	116	50	面筋GLUTEN
盐	4.6	2	
砂糖	34.8	15	
鲜酵母	11.6	5	
鸡蛋 - EGG	75.4	32.5	鸡蛋EGG
牛奶 - MILK	75.4	32.5	牛奶MILK
黄油 - BUTTER	70	30	
鲁邦种 - STARTER	46.4	20	面筋GLUTEN
总计	550.2%	237	

TECHNOGICAL PROCESS—工艺过程

操作流程 - TECHNOLOGICAL PROCESS	
面团搅拌：MIXING	L15M2 LOW SPEED FOR 15 MIN
	MEDIUM SPEED FOR 2 MIN
面团完成温度: FINAL DOUGH TEMPERATURE	25℃ 25 ℃
基础发酵: FIRST FERMENTATION	60分钟 60 MIN
烘烤温度: OVEN TEMPERATURES	170℃ 170℃
烘烤时间: BAKING TIME	30分钟 30 MIN

牛角—传统直牛角
CROISSANT - TRADITIONAL

牛角—传统直牛角　CROISSANT - TRADITIONAL

牛角—传统直牛角　CROISSANT - TRADITIONAL			
材料—Ingredients	%	克—Grams	过敏源 Allergens
T45 - FLOUR T45	100	376	面筋GLUTEN
盐 - SALT	2	8	
砂糖 - CASTER SUGAR	15	56	
鲜酵母 - FRESH YEAST	5	19	
鸡蛋 - EGG	5.9	22	鸡蛋EGG
牛奶 - MILK	14.7	55	牛奶MILK
黄油 - BUTTER	10	38	
鲁邦种 - STARTER	17.6	66	面筋GLUTEN
水 - WATER	29.4	110	
黄油片 - BUTTER SHEETS	33	248	
总计	232.6%	998	

RECIPE—配方

操作流程 - TECHNOLOGICAL PROCESS		
面团搅拌: MIXING	L14	LOW SPEED FOR 14 MIN
面团完成温度: FINAL DOUGH TEMPERATURE	25℃	25 ℃
基础发酵: FIRST FERMENTATION	60分钟	60 MIN
烘烤温度: OVEN TEMPERATURES	210/190	TOP 210℃/ BOTTOM 190℃
烘烤时间: BAKING TIME	15分钟	15 MIN

TECHNOGICAL PROCESS—工艺过程

牛角—多颜色传统直牛角
CROISSANT - MULTI COLOURED TRADITIONAL

牛角—多颜色传统直牛角 CROISSANT - MULTI COLOURED TRADITIONAL

RECIPE—配方

牛角—多颜色传统直牛角 CROISSANT - MULTI COLOURED TRADITIONAL

材料—Ingredients	%	克—Grams	过敏源 Allergens
T45 - FLOUR T45	100	376	面筋 GLUTEN
盐 - SALT	2	8	
砂糖 - CASTER SUGAR	15	56	
鲜酵母 - FRESH YEAST	5	19	
鸡蛋 - EGG	5.9	22	鸡蛋 EGG
牛奶 - MILK	14.7	55	牛奶 MILK
黄油	10	38	
鲁邦种 - STARTER	17.6	66	面筋 GLUTEN
水 - WATER	29.4	110	
黄油片- BUTTER SHEETS	33	250	
总计	**232.6%**	**1000**	

RECIPE—配方

调色面团（COLOURED DOUGH）

材料—Ingredients	%	克—Grams	过敏源 Allergens
原面团 - ORIGINAL DOUGH	100	200	面筋 GLUTEN
可可粉 - COCOA POWDER	7.5	15	
总计	**107.5%**	**215**	

TECHNOLOGICAL PROCESS—工艺过程

操作流程 - TECHNOLOGICAL PROCESS

面团搅拌: MIXING	L15	LOW SPEED FOR 15 MIN
面团完成温度: FINAL DOUGH TEMPERATURE	25℃	25℃
基础发酵: FIRST FERMENTATION	60分钟	60 MIN
烘烤温度: OVEN TEMPERATURES	210/190	TOP 210℃/ BOTTOM 190℃
烘烤时间: BAKING TIME	15分钟	15 MIN

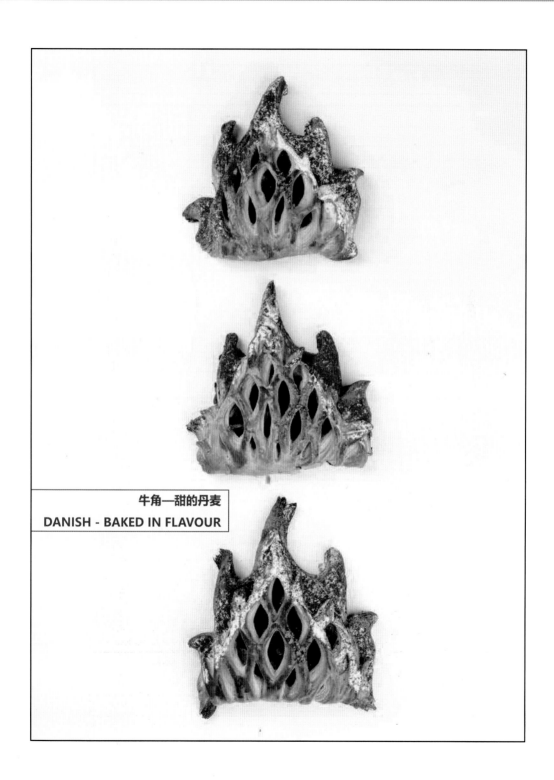

牛角—甜的丹麦
DANISH - BAKED IN FLAVOUR

牛角—甜的丹麦　DANISH - BAKED IN FLAVOUR

RECIPE—配方

牛角—甜的丹麦 DANISH - BAKED IN FLAVOUR

材料—Ingredients	%	克—Grams	过敏源 Allergens
T45-FLOUR T45	100	500	面筋 GLUTEN
盐 - SALT	2	10	
砂糖 - CASTER SUGAR	15	75	
鲜酵母 - FRESH YEAST	5	25	
鸡蛋 - EGG	5.9	30	鸡蛋 EGG
牛奶 - MILK	14.7	74	牛奶 MILK
黄油 - BUTTER	10	50	
鲁邦种 - STARTER	17.6	88	面筋GLUTEN
水 - WATER	29.4	147	
黄油片 - BUTTER SHEET	33	333	
总计	**232.6%**	**1332**	

RECIPE—配方

馅料1-FILLING

名称- Item	重量 - WEIGHT/G
黄油 BUTTER	100
砂糖 CASTER SUGAR	300
苹果 APPLE	4个 PIECES
肉桂粉 CINNAMON POWDER	3
总计	**403**

TECHNOGICAL PROCESS—工艺过程

操作流程 - TECHNOLOGICAL PROCESS

面团搅拌：MIXING	L15	LOW SPEED FOR 15 MIN
面团完成温度: FINAL DOUGH TEMPERATURE	25℃	25 ℃
基础发酵: FIRST FERMENTATION	60分钟	60 MIN
烘烤温度: OVEN TEMPERATURES	210/190	TOP 210℃/ BOTTOM 190℃
烘烤时间: BAKING TIME	15分钟	15 MIN

牛角—甜的丹麦
DANISH — POST-BAKED FLAVOUR

牛角—甜的丹麦 DANISH　POST-BAKED FLAVOUR

牛角—甜的丹麦 DANISH — POST-BAKED FLAVOUR

RECIPE—配方

材料—Ingredients	%	克—Grams	过敏源 Allergens
T45 - FLOUR T45	100	250	面筋 GLUTEN
盐 - SALT	2	5	
砂糖 - CASTER SUGAR	15	37.5	
鲜酵母 - FRESH YEAST	5	13	
鸡蛋 - EGG	5.9	15	鸡蛋 EGG
牛奶 - MILK	14.7	37	牛奶 MILK
黄油 - BUTTER	10	25	
鲁邦种 - STARTER	17.6	44	面筋 GLUTEN
水 - WATER	29.4	73.5	
黄油片- BUTTER SHEET	33	166	
总计	232.6%	666	

RECIPE—配方

内馅— FILLING 1			内馅二 FILLING 2		
名称- Item	重量 Weight/g	过敏源 Allergens	名称- Item	重量 Weight/g	过敏源 Allergens
吉士粉 - CUSTARD POWDER	50		水 - WATER	200	
牛奶 - MILK	150	牛奶 MILK	糖 - SUGAR	300	
香草荚 - VANILLA POD	2根 PCS		明胶 - GELATIN	4片	
			新鲜草莓– FRESH STRAWBERRY	15个	
			新鲜树莓– FRESH RASPBERRY	15个	
总计	200			500	

TECHNOGICAL PROCESS—工艺过程

操作流程 - TECHNOLOGICAL PROCESS

面团搅拌: MIXING	L15	LOW SPEED FOR 15 MIN
面团完成温度: FINAL DOUGH TEMPERATURE	25℃	25 ℃
基础发酵: FIRST FERMENTATION	60分钟	60 MIN
烘烤温度: OVEN TEMPERATURES	210/190	TOP 210℃/ BOTTOM 190℃
烘烤时间: BAKING TIME	15分钟	15 MIN

小麦面团—维也纳
WHEAT BREAD - VIENNA

小麦面团—维也纳 WHEAT BREAD - VIENNA

RECIPE—配方

小麦面团—维也纳 WHEAT BREAD - VIENNA			
材料—Ingredients	%	克—Grams	过敏源 Allergens
T65 - FLOUR T65	100	990	面筋 GLUTEN
水 - WATER	70	693	
盐 - SALT	1.8	18	
鲜酵母 - FRESH YEAST	1	9.9	
鲁邦种 - STARTER	40	396	面筋 GLUTEN
总计	212.8%	2106.9	

TECHNOGICAL PROCESS—工艺过程

操作流程 - TECHNOLOGICAL PROCESS		
面团搅拌：MIXING	L8M1	LOW SPEED FOR 8 MIN;
		MEDIUM SPEED 1 MIN
面团完成温度: FINAL DOUGH TEMPERATURE	24℃	24 ℃
基础发酵: FIRST FERMENTATION	60分钟	60 MIN
烘烤温度: OVEN TEMPERATURES	250/230	TOP 250℃/ BOTTOM 230℃
烘烤时间: BAKING TIME	28分钟	28 MIN

小麦面团—圆形
WHEAT BREAD - COBB STYLE

小麦面团—圆形 WHEAT BREAD - COBB STYLE

小麦面团—圆形 WHEAT BREAD - COBB STYLE			
材料—Ingredients	%	克—Grams	过敏源 Allergens
T65 - FLOUR T65	100	1030	面筋 GLUTEN
水 - WATER	70	721	
盐 - SALT	1.8	18.5	
鲜酵母 - FRESH YEAST	1	10	
鲁邦种 - STARTER	40	412	面筋 GLUTEN
总计	212.8%	2191.5	

RECIPE—配方

操作流程 - TECHNOLOGICAL PROCESS		
面团搅拌: MIXING	L8M1	LOW SPEED FOR 8 MIN;
		MEDIUM SPEED 1 MIN
面团完成温度: FINAL DOUGH TEMPERATURE	24℃	24 ℃
基础发酵: FIRST FERMENTATION	60分钟	60 MIN
烘烤温度: OVEN TEMPERATURES	250/230	TOP 250℃/ BOTTOM 230℃
烘烤时间: BAKING TIME	28分钟	28 MIN

TECHNOGICAL PROCESS—工艺过程

小麦面团—自定风格
WHEAT BREAD - STYLE OF CHOICE

小麦面团—自定风格 WHEAT BREAD - STYLE OF CHOICE

RECIPE—配方

小麦面团—自定风格 WHEAT BREAD - STYLE OF CHOICE			
材料—Ingredients	%	克—Grams	过敏源 Allergens
T65 - FLOUR T65	100	1100	面筋 GLUTEN
水 - WATER	70	770	
盐 - SALT	1.8	19.8	
鲜酵母 - FRESH YEAST	1	22	
鲁邦种 - STARTER	40	440	面筋 GLUTEN
总计	**212.8%**	**2351.8**	

TECHNOGICAL PROCESS—工艺过程

操作流程 - TECHNOLOGICAL PROCESS		
面团搅拌：MIXING	L8M1	LOW SPEED FOR 8 MIN;
		MEDIUM SPEED 1 MIN
面团完成温度: FINAL DOUGH TEMPERATURE	24℃	24 ℃
基础发酵: FIRST FERMENTATION	60分钟	60 MIN
烘烤温度: OVEN TEMPERATURES	250/230	TOP 250℃/ BOTTOM 230℃
烘烤时间: BAKING TIME	28分钟	28 MIN

艺术面包—海洋
SHOWPIECE - OCEAN

艺术面包—海洋　SHOWPIECE - OCEAN

糖水 SUGAR WATER

材料—Ingredients	%	克—Grams	过敏源 Allergens
糖 - SUGAR		600	
水 - WATER		300	

白面 - WHITE DOUGH

	%	克—Grams	
糖水 - SUGAR WATER	70	420	
T55 - FLOUR T55	100	600	面筋 GLUTEN

白色烫面 - WHITE BOILED DOUGH

	%	克	
黑麦粉 - RYE FLOUR	100	1060	面筋 GLUTEN
水 - WATER	41.5	440	
糖 - SUGAR	41.5	440	

黑色烫面 - BLACK BOILED DOUGH

	%	克	
黑麦粉 - RYE FLOUR	100	1000	面筋 GLUTEN
竹炭粉 - CHARCOAL POWDER	5	50	
水 - WATER	46.5	465	
糖 - SUGAR	46.5	465	

调色面团 - COLOURED DOUGH

	%	克	
橙色色淀 - ORANGE COLOURANT			
总计	**551%**	**5840**	

操作流程 - TECHNOLOGICAL PROCESS

白面团：将所需的材料搅拌均匀即可

MIX ALL THE INGREDIENTS TO MAKE THE WHITE DOUGH

黑麦烫面：将水烧开和干性材料搅拌均匀即可

BOIL THE WATER, MIX WITH ALL THE DRY INGREDIENTS AND MIX EVENLY

神秘产品
MYSTERIOUS PRODUCTION

鲁邦种的蓄养 METHOD OF FEEDING THE STARTER

葡萄菌水 NATURAL YEAST	温度 TEMPERATURE	28
	需求天数 DAYS REQUIRED	5
	要求 REQUIREMENT	每天摇晃一次
配方 RECIPE		SHAKE ON A DAILY BASIS
	凉白开水 COOL BOILED WATER	1000
	葡萄干 RAISIN	250
	蜂蜜 HONEY	20